SABA's KITCHEN
萨巴厨房

能量果蔬汁

萨巴蒂娜 主编

U0378927

中国轻工业出版社

目　录

容 量 及 单 位 对 照 表

1 茶匙固体调料 = **5** 克 g= 克 mg= 毫克
1/2 茶匙固体调料 = **2.5** 克 ml= 毫升 L= 升
1 汤匙固体调料 = **15** 克 cm= 厘米 mm= 毫米
1 茶匙液体调料 = **5** 毫升
1/2 茶匙液体调料 = **2.5** 毫升
1 汤匙液体调料 = **15** 毫升

第 一 篇

纤 体 瘦 身

第 二 篇

美 白 养 颜

第 三 篇

补 血 益 气

果蔬汁的奇妙能力歌

我吃过榴莲与鸭梨　我吃过香蕉和醋栗　没吃过他们都在一起
我吃过芹菜与麦粒　我吃过黄瓜和玉米　没吃过他们都在一起
⋯⋯

制作《能量果蔬汁》这本书的时候，也经历了一场神奇的过程。

我喜欢下午去健身，等我回来的时候，工作室也基本收工了，于是当天做好的果蔬汁就静静放在桌子上。

我端起来，喝上两杯，即便刚健完身，也不觉得饥饿了，肚子好饱。这种功效，不仅影响当天，第二天也在受益，你懂的。

坦白说，虽然身为一个美食从业者，我却是一个不喜欢吃大部分水果和蔬菜的人。

比如苦瓜，必须要做得火候恰到好处，还得混合柔嫩的肉片炒制，我才愿意吃，但是这工艺就相对要求高了。

但苦瓜榨成汁，混合一些微甜的胡萝卜汁，再搭配一点蜂蜜，我就可以一口气都喝下去，一点儿也不觉得苦。

一大杯口感丰富的果蔬汁，几口就可以喝掉，感觉喝下去的不仅是丰富的膳食纤维、多元的维生素与矿物质，还有长达几个月的大自然中的阳光、雨露和清风。

拍摄此书一个多月，我就降了5斤的体重。而且不仅如此，全世界可以榨汁的蔬菜瓜果我都尝遍了，令我爱上了这种混合百变的滋味。

因此，郑重推荐这本书给你，给那些一直追随我们的读者，希望你们也可以体会到果蔬汁的奇妙能力。

在北京的六月，于陈粒的《奇妙能力歌》里。

萨巴蒂娜
个人公众订阅号

萨巴小传：本名高欣茹。萨巴蒂娜是当时出道写美食书时用的笔名。曾主编过五十多本畅销美食图书，出版过小说《厨子的故事》，美食散文集《美味关系》。现任"萨巴厨房"主编。

敬请关注萨巴新浪微博　www.weibo.com/sabadina

第一部分
常用配料

~~~~~~~~

绿茶

性凉，口感清新，汤色呈淡黄至淡绿，冲泡温度以 **80~85**℃ 为宜，温度过高会产生涩味。

白茶

疏肝解郁，活血散瘀，调经止痛。

玫瑰

疏肝解郁，活血散瘀，调经止痛。

普洱

分为生普洱和熟普洱，本书饮品皆采用后者制作，熟普洱更加温和、口感饱满、汤色浓郁，不伤肠胃，并具有非常好的减脂、养生效果。

红茶

性温，有回甘，汤色呈橙红色，市售较常见的品种有锡兰红茶、正山小种等，冲泡温度以 **85**℃左右为宜。

茉莉

舒缓肠胃，镇定安神，清新口气。

桂花

温中散寒，暖胃止痛，化痰散淤。

第 二 部 分
常 用 工 具

迷你果汁机（搅拌机）

目前最热的迷你果汁机（搅拌机），只需把材料放入，**10** 秒钟就能打出细腻的果汁，还能换个杯盖直接带出门，清洗起来也非常方便。

飘逸杯

泡茶专用，能够瞬间分离茶叶和茶水，避免茶叶过萃导致的口感发涩。

削皮器

选一把好用的削皮器吧，从猕猴桃到冬瓜，锋利的刀刃都能搞定。

切苹果器

只需一下，苹果就能变成八瓣，果核也被剔除了呢！

水果刀

一把锋利的水果刀，能让水果处理事半功倍。

花茶壶

透明的外观，较大的容量，还配有过滤功能的内胆，用来泡混合饮品和花茶最合适不过。

滤网

过滤水果子粒、果渣。

大凉杯

夏天的时候，一个大容量的凉杯必不可少，提前制作好饮品放入冰箱，解暑消渴全靠它啦！

手动榨汁器

一般用来榨柠檬汁，非常方便、省力。

带槽案板

四周围带凹槽的案板，能够保证在切水果时，果汁不会流得到处都是。

第三部分
饮品加分小秘籍

猕猴桃

1. 将猕猴桃横放在案板上，切去两端。

2. 取一个不锈钢的大汤匙，紧贴猕猴桃皮插进果肉。

3. 旋转猕猴桃，使勺子在果皮和果肉间滑动。

4. 轻松取出完整的猕猴桃果肉。

芒果

1. 芒果洗净，立在案板上。

2. 从顶端下刀，贴近果核，将芒果切成两半。

3. 准备一个圆形水杯，取一半的果肉，将一端卡在杯口，果皮在外，果肉在内。

4. 用手紧把住果皮，向杯子内推动芒果，即可利用水杯杯口将果肉和果皮完全分离。

5. 另外一半芒果在使用时，仅需要将芒果核按照步骤 2 切掉，即可进行一样的操作。

6. 如果需要切成芒果花或者芒果块，可以直接在对半切开、未去皮的芒果肉上进行操作即可。

西瓜

1. 西瓜洗净，对半切开。

2. 将西瓜继续切成橘子瓣状。

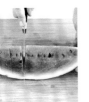

3. 用锋利的水果刀垂直下刀，间隔 **2**cm，一直切到瓜皮处。

4. 从瓜瓣一端入刀，沿着瓜皮和瓜瓤交界处切割，即可获得完整的西瓜块。

牛油果

1. 牛油果洗净外皮，小头朝上，从顶端下刀。

2. 沿着果核环切一周。

3. 双手往反方向拧，即可将牛油果分成两半。

4. 用勺子挖出果肉即可。

5. 另外一半牛油果只需用茶匙挖出果核，即可进行后续操作。

6. 如果想获得牛油果片或牛油果块，只需对半拧开后用水果刀直接在果皮内切割即可。牛油果果皮果肉的质感差别极大，很容易掌握切割力度。

草莓

1. 草莓农药残留较严重，一定要用蔬果专用清洗剂浸泡一会儿，并用流动的清水冲洗干净。

2. 取一个牛奶吸管，从草莓尖插入，穿透草莓，即可取出草莓的硬心和草莓蒂。

除了饮用水制成的普通冰块，制作一些特别的冰块来为饮品加分吧！常温的饮品加入几块冰，立刻冰凉激爽，颜值也跟着升高了呢！

鲜花冰块

三色堇、茉莉、玫瑰、菊花，甚至是新鲜的薄荷叶等，放入冰格里，加入饮用水，就是颜值超高的鲜花冰块，再普通的饮品加上几块，立刻变得精致起来。

牛奶冰块

纯牛奶倒入冰格，饮品立刻有了牛奶的浓郁香气。

咖啡冰块

冲泡好的咖啡制作而成的冰块，材料可以是方便的三合一，也可以是新鲜萃取的浓咖啡。

抹茶冰块

抹茶粉＋饮用水制成的抹茶冰块，翠绿清透，为饮品增添淡淡抹茶香。

第一篇
纤体瘦身

草莓芒果多

维 生 素 多 多 消 化 好

美丽说

富含维生素 C 的草莓，和富含维生素 A 的芒果，都具有丰富的膳食纤维，再搭配益生菌满满的酸奶和养乐多，不仅补充维生素，还能有效缓解便秘、帮助消化，消除小肚腩。

做法

1. 草莓洗净，沥干水分。

2. 留 1 个草莓，余下的全部去蒂，放入果汁机。

3. 将留下的 1 个草莓对半切开，注意保留绿色的草莓蒂。

4. 芒果按照第 12 页的方法切成小块，放入果汁机。

5. 加入酸奶和养乐多，搅打均匀。

6. 倒入杯中，上面点缀上草莓即可。

材料

养乐多 1 瓶 / 酸奶 100g / 草莓 100g / 小芒果 2 个（约 100g）

工具

迷你果汁机（搅拌机）

Tips

如果觉得草莓蒂不干净或口感不好，也可以全部去除，用薄荷叶等食用香草来做绿色的点缀。

热量表

食材	养乐多 1 瓶	酸奶 100g	草莓 100g	芒果 100g	合计热量
热量	54 千卡	72 千卡	32 千卡	35 千卡	193 千卡

香蕉牛油多

喝 得 饱 饱 的

做法

1. 牛油果按照第12页的方法，切开去核。

2. 将果肉划成方格状。

3. 用勺子贴着果皮将果肉挖出，倒入果汁机。

4. 香蕉去皮，切一片厚约0.5cm的圆片备用，其余掰成小段放入果汁机。

5. 加入蜂蜜、牛奶和养乐多，搅打均匀。

6. 倒入杯中，点缀上牛油果粒和香蕉片即可。

材料

牛油果 1 颗（可食部分约 **100**g）／香蕉 1 根（约 **80**g）／养乐多 1 瓶／牛奶 **100**g／蜂蜜 **10**g

工具

迷你果汁机（搅拌机）

Tips

牛油果一定要选表面呈现深褐色，轻捏感到柔软的成熟果实来制作，口感才好。

热量表

食材	牛油果 **100**g	香蕉 **80**g	养乐多 1 瓶	牛奶 **100**g	蜂蜜 **10**g	合计热量
热量	161 千卡	74 千卡	54 千卡	54 千卡	32 千卡	375 千卡

香橙雪梨

粒 粒 果 馨 香

美丽说

脐橙富含维生素 C 和胡萝卜素，并且散发出的气味对缓解情绪有着非常积极的作用。雪梨甜蜜多汁，与橙子打出的果汁充满颗粒感，点缀一丝柠檬的酸，轻身消脂，喝下去心情都跟着好起来。

做法

1. 脐橙洗净，切成六瓣。

2. 用手掰住橙子瓣的两边，使果肉和果皮分离。

3. 雪梨洗净外皮，用刀沿纵向切成 4 瓣。

4. 在梨核处呈 V 字形划两刀，去除果核，切成小块，和橙肉一起放入果汁机。

5. 用柠檬榨汁器榨取半个柠檬的果汁，倒入榨汁机。

6. 搅打均匀即可。

材料

脐橙 1 个（约 120g）/ 雪梨 1 个（约 120g）/ 柠檬半个（约 25g）

工具

迷你果汁机（搅拌机）/ 柠檬榨汁器

热量表

食材	脐橙 120g	雪梨 120g	柠檬 25g	合计热量
热量	58 千卡	95 千卡	9 千卡	162 千卡

Tips

• 市售有小瓶装的柠檬纯汁，可以代替鲜柠檬使用。

• 如果购买的橙子中有果核，需要预先去除，再放入果汁机。

凤梨冬瓜

请叫我液体凤梨酥

美丽说

你知道凤梨酥的内馅其实是凤梨＋冬瓜熬制而成的吗？现在将这两种食材打成汁吧！有助于促进脂肪消化的凤梨，与具有消脂利尿的冬瓜一起做成果汁，没有高热量，只有舒爽与健康！

做法

1. 冬瓜洗净，去皮去子。

2. 切成厚约0.5cm的薄片。

3. 烧一锅开水，将冬瓜片煮5分钟后捞出，沥干水分，放凉备用。

4. 凤梨去皮后切成小块。

5. 将冬瓜片和凤梨块一起放入果汁机，加蜂蜜。

6. 搅打均匀即可。

材料

凤梨半个（约**200**g）/ 冬瓜**200**g / 蜂蜜**10**g

工具

迷你果汁机（搅拌机）/ 汤锅 / 漏勺

热量表

食材	凤梨 200g	冬瓜 200g	蜂蜜 10g	合计热量
热量	88 千卡	24 千卡	32 千卡	144 千卡

Tips

需要注意，凤梨与菠萝是同一科的不同品种，凤梨不需要预先进行盐水浸泡，如果使用菠萝来榨汁，需要预先将菠萝块放入淡盐水中浸泡**30**分钟，以免其中的菠萝酶对口腔产生刺激。

甜蜜苦瓜

让"吃苦"变成甘之如饴

美丽说

苦瓜清热解毒、消脂降糖，尤其是生食对身体健康颇有益处。搭配以甜蜜著称的瓜中之王哈密瓜，再加点蜂蜜，打成果汁一饮而尽，喝下健康就是这么简单！

材料

哈密瓜 1/4 个（约 **350g**）/ 苦瓜 **1** 根（约 **100g**）/ 蜂蜜 **20g**

工具

迷你果汁机

（搅拌机）

Tips

冷藏可降低苦瓜的苦涩，可一次多冰冻些蜂蜜苦瓜，需要榨汁时提前取出自然解冻即可。

热量表

食材	哈密瓜 350g	苦瓜 100g	蜂蜜 20g	合计热量
热量	119 千卡	22 千卡	64 千卡	205 千卡

做法

1. 苦瓜洗净外皮，对半剖开，去除苦瓜的子及白色瓜瓤。

2. 将苦瓜切成薄片，冲洗两遍。

3. 将苦瓜片放入保鲜盒，淋上蜂蜜拌匀，放入冰箱冷冻室 10 分钟左右。

4. 哈密瓜洗净，削皮去子，切成小块。

5. 将哈密瓜块放入果汁机，取出冷冻室的蜂蜜苦瓜一并加入果汁机。

6. 搅打均匀即可。

材料

猕猴桃 1 颗（约 **60**g）/ 黄瓜 1 根（约 **100**g）/ 甜瓜半个（约 **200**g）

工具

迷你果汁机（搅拌机）

奇异瓜瓜

清爽的瓜瓜组合

做法

1. 猕猴桃按照第 12 页的方法去皮取肉。

2. 黄瓜洗净，切成约 2cm 的小段。

3. 甜瓜洗净，削皮。

4. 对半切开，去除瓜瓤和瓜子。

5. 切成小块。

6. 将猕猴桃、黄瓜段、甜瓜块放入果汁机，搅打均匀即可。

热量表

食材	猕猴桃 60g	黄瓜 100g	甜瓜 200g	合计热量
热量	37 千卡	16 千卡	27 千卡	80 千卡

Tips

如果购买的甜瓜很嫩，瓜子柔软，可以保留瓜子和瓜瓤部分，这部分甜度很高，做出的果汁会更加可口。

胡萝卜甜西芹

膳 食 纤 维 的 盛 宴

做法

1. 胡萝卜洗净，切成小块。

2. 西芹洗净，择去叶子，切去根部老化部分，切成小段。

3. 甜瓜洗净，削皮。对半切开，去除瓜瓤和瓜子，切成小块。

4. 将胡萝卜块、西芹段和甜瓜块放入果汁机。

5. 用柠檬榨汁器榨取半个柠檬的果汁，倒入榨汁机。

6. 加入饮用水和蜂蜜。

7. 搅打均匀即可。

热量表

食材	胡萝卜 50g	甜瓜 200g	西芹 100g	柠檬 25g	蜂蜜 10g	合计热量
热量	16 千卡	27 千卡	16 千卡	9 千卡	32 千卡	100 千卡

美丽说

胡萝卜与西芹、甜瓜，都含有丰富的膳食纤维，能够促进肠道蠕动，排毒消脂。当你饱受便秘困扰时，这样一杯饮品要比任何清肠茶和泻药都来得更健康。

材料

胡萝卜 1 小根（约 50g）／甜瓜半个（约 200g）／西芹 2 根（约 100g）／蜂蜜 10g ／柠檬半个（约 25g）／饮用水 50ml

工具

柠檬榨汁器／迷你果汁机（搅拌机）

Tips

芹菜有很多品种，其中西芹水分多，纤维少，口感脆嫩，最好不要用其他品种的芹菜替代，以免影响成品口感。

奇异蜜柚
火龙果

饱 腹 又 清 新

材料

猕猴桃 1 颗（约 **60**g）/蜜柚 1/4 个（约 **100**g）/火龙果 1 个（约 **300**g）

工具

迷你果汁机（搅拌机）

Tips

由于猕猴桃是绿色的，所以火龙果一定不能选择红心的，否则会使整杯饮品呈现非常污浊的颜色。

热量表

食材	猕猴桃 60g	蜜柚 100g	火龙果 300g	合计热量
热量	37 千卡	42 千卡	180 千卡	259 千卡

做法

1. 猕猴桃按照第 12 页的示范取出果肉，切一片厚约 2mm 的横截面备用。

2. 蜜柚对半切开，取其中一半，切成 3 瓣。

3. 将蜜柚去皮去子，尽量去除白色瓣膜，剥出蜜柚肉。

4. 火龙果对半切开，用勺子取出果肉。

5. 将猕猴桃、蜜柚、火龙果一起放入果汁机。

6. 搅打均匀后倒入杯中，在最上方点缀上步骤 1 预留的猕猴桃片即可。

芦笋苦瓜奇异蜜

蔬菜也可以是甜的

做法

1. 苦瓜洗净，切去两端，纵向剖开，去除中间白色的部分以及苦瓜子。

2. 将苦瓜切成薄片，放入清水中浸泡10分钟。

3. 捞出后放入果汁机，淋上蜂蜜腌渍片刻。

4. 猕猴桃按照第12页的示范取出果肉，放入果汁机。

5. 芦笋洗净，切去老化的根部，然后切成小段，放入果汁机。

6. 加入饮用水，搅打均匀即可。

材料

芦笋 **50**g ／苦瓜 **1** 根（约 **100**g）／猕猴桃 **1** 颗（约 **60**g）／蜂蜜 **10**g ／饮用水 **200**ml

工具

迷你果汁机

（搅拌机）

热量表

食材	芦笋 50g	苦瓜 100g	猕猴桃 60g	蜂蜜 10g	合计热量
热量	11 千卡	22 千卡	37 千卡	32 千卡	102 千卡

Tips

芦笋是适宜生吃的蔬菜，高温会破坏掉很大一部分营养成分，所以清洗干净即可直接打汁。

羽橙苹果

健康，如虎添翼

做法

1. 羽衣甘蓝洗净，沥干水分，切成小片。

2. 橙子洗净，切成六瓣，剥去橙子皮。

3. 苹果洗净外皮，苹果把朝下，用切苹果器对准果核部位用力向下压。

4. 丢弃苹果核，将苹果瓣放入果汁机。

5. 加入羽衣甘蓝和橙子肉。

6. 搅打均匀即可。

材料

羽衣甘蓝 100g ／脐橙 I 个（约 120g）／苹果 I 个（约 100g）

工具

切苹果器／迷你果汁机（搅拌机）

热量表

食材	羽衣甘蓝 100g	脐橙 120g	苹果 100g	合计热量
热量	32 千卡	58 千卡	54 千卡	144 千卡

Tips

苹果农药残留普遍较为严重，但是苹果皮的营养又不可小觑，建议用果蔬清洗剂将苹果皮仔细清洗后带皮制作果汁，效果最好。

杨桃菠萝芒

消 除 脂 肪 小 能 手

美丽说

杨桃与菠萝，都含有能够帮助分解脂肪的成分，搭配芒果中的膳食纤维，可促进排毒，好喝又减脂。

做法

1. 菠萝去皮、挖去黑色孔洞（可请商家代为去皮），取一半切成小块。

2. 饮用水，加入 2 茶匙盐搅匀，将菠萝块放入盐水中浸泡 30 分钟左右。

3. 杨桃洗净，切成厚约2mm 的片，留出一片，切开一个 3cm 左右的小口。

4. 芒果按照第 12 页的示范取出果肉。

5. 将菠萝块、杨桃片和芒果肉放入果汁机，打均。

6. 倒入杯中，将步骤 3 的杨桃片卡在杯口即可。

材料

杨桃 1 个（约 **100**g）/ 菠萝半个（约 **200**g）/ 大芒果半个（约 **200**g）/ 盐 **2** 茶匙

工具

迷你果汁机（搅拌机）

热量表

食材	杨桃 **100**g	菠萝 **200**g	芒果 **200**g	合计热量
热量	**31** 千卡	**88** 千卡	**70** 千卡	**189** 千卡

Tips

榨汁用的芒果最好选用大个头的大芒果，如果是小芒果，需要一个个切开取肉，相对麻烦一些。

材料

雪梨 1 个（约 **120**g）／莴笋半根（约 **200**g）／水果黄瓜 1 根（约 **60**g）

工具

迷你果汁机（搅拌机）

雪梨莴笋
小黄瓜

果 蔬 汁 也 要 小 清 新

做法

1. 雪梨洗净，梨把朝上，切成 4 瓣。

2. 用水果刀在果核出呈 V 字形划开，去除梨核。

3. 莴笋择去叶子，切去老化根部，削去外皮，洗净后取用上端较嫩的部分，切成小块。

4. 水果黄瓜洗净外皮，切去两端。

5. 切成长约 3cm 的小段。

6. 将梨块、莴笋块、水果黄瓜块一并放入果汁机，搅打均匀即可。

热量表

食材	雪梨 120g	莴笋 200g	水果黄瓜 60g	合计热量
热量	95 千卡	30 千卡	9 千卡	134 千卡

Tips

• 剩余的莴笋可以切成薄片，加少许盐、醋和白糖，腌渍一晚做配粥小菜。

• 水果黄瓜水分多，口感更加清新，榨汁会更加好喝。如果买不到可以用普通黄瓜代替。

香蕉牛油
果蔬多

越丰盛，越精彩

美丽说

香蕉含钾，可平衡电解质；牛油果营养丰富，颜色讨喜；苹果代表着瘦身和健康；羽衣甘蓝和柠檬富含维生素 C；菠萝能够分解脂肪……这样一杯饮品，带来的健康功效自然是精彩纷呈。

做法

1. 菠萝切成小块，放入加了盐的饮用水中浸泡30分钟。

2. 羽衣甘蓝择去老叶，去根，洗净，切碎。

3. 牛油果对半切开，去核，按照第12页的示范切成小块。

4. 柠檬洗净，对半切开，切取靠近中间部位一片厚约2mm的薄片，再在薄片上切一个3cm的刀口备用。

5. 将半个柠檬用手动榨汁器榨汁。

6. 香蕉去皮，掰成小块；苹果洗净，用切苹果器切成小块；与菠萝块、羽衣甘蓝、牛油果粒和柠檬汁一起放入果汁机，搅打均匀，倒入杯中，将步骤4预留的柠檬片卡在杯口即可。

材料

香蕉 1 根（约 **80**g）/ 牛油果半个（约 **50**g）/ 苹果半个（约 **50**g）/ 羽衣甘蓝 **100**g / 菠萝 **1/4** 个（约 **100**g）/ 柠檬半个（约 **25**g）/ 盐 1 茶匙

工具

手动柠檬榨汁器 / 迷你果汁机（搅拌机）

Tips

如果没有手动榨汁器，也可以用手紧握柠檬，用力将柠檬汁挤出即可。

热量表

食材	香蕉 80g	牛油果 50g	苹果 50g	羽衣甘蓝 100g	菠萝 100g	柠檬 25g	合计热量
热量	74 千卡	80 千卡	27 千卡	32 千卡	44 千卡	9 千卡	266 千卡

黄瓜西芹猕猴桃

宛如漫步在森林中

美丽说

三种绿色的蔬果打出的果汁，看着就清爽宜人。堪称瘦身小能手的水果黄瓜，单是咀嚼和消化它所要付出的热量就要高于它本身的热量；西芹中满满都是膳食纤维，润肠通便功效极佳；再搭配富含维生素 C 的猕猴桃，让你的舌尖和身体都仿若置身于绿色森林一般。

材料

水果黄瓜 1 根（约 **60**g）／西芹 **200**g ／猕猴桃 1 颗（约 **60**g）

工具

迷你果汁机（搅拌机）

做法

1. 水果黄瓜洗净外皮，切去两端。

2. 切成小块，放入果汁机。

3. 西芹择去芹菜叶，切去根部，洗净沥干水分。保留一小片芹菜的嫩叶备用。

4. 将西芹切成小段，放入果汁机。

5. 猕猴桃按照第 12 页的示范取出果肉，放入果汁机。

6. 搅打均匀后倒入杯中，点缀上步骤 3 预留的芹菜叶即可。

热量表

食材	水果黄瓜 60g	西芹 200g	猕猴桃 60g	合计热量
热量	9 千卡	32 千卡	37 千卡	78 千卡

Tips

西芹相较于普通芹菜，水分多、膳食纤维较少，打汁口感更佳，所以不建议用普通芹菜来代替。

青苹百香
紫甘蓝

酸甜芳香好颜色

美丽说

酸甜多汁的青苹果，馥郁芳香的百香果，能把颜色迷人的紫甘蓝变得芬芳甜美。紫甘蓝中富含膳食纤维和抗氧化成分，能够促进肠道蠕动，消脂排毒，同时保护身体免受自由基的伤害。

做法

1. 青苹果洗净外皮，果把朝下，用切苹果器对准果核用力下压。

2. 丢弃果核，将苹果瓣放入果汁机。

3. 将滤网架在果汁机上；百香果对半切开，用勺子挖出果肉，倒在滤网上，仅使用果汁。

4. 紫甘蓝洗净，剥去外面一层老叶，切成4瓣，取其中一瓣，切成细丝。

5. 留少许紫甘蓝丝，将其余的紫甘蓝放入果汁机内，加适量饮用水，搅打均匀。

6. 倒入杯中，点缀上紫甘蓝丝即可。

材料

青苹果1个（约100g）/百香果1颗（约30g）/紫甘蓝1/4棵（约200g）/饮用水150ml

工具

滤网/切苹果器/迷你果汁机（搅拌机）

热量表

食材	青苹果 100g	百香果 30g	紫甘蓝 200g	合计热量
热量	49 千卡	29 千卡	50 千卡	128 千卡

Tips

百香果只有到外皮全部皱巴巴像坏掉的样子，内部才是真正的成熟，这时的百香果酸度大大降低，果汁丰富，是食用的最佳时机。

西柚冬瓜草莓汁

瘦身美白，集于一杯

美丽说

粉色系的西柚不仅颜值高、热量低，对皮肤也能起到很好的美白和保护作用，搭配纤体的冬瓜、水嫩嫩的草莓，瘦身＋美白，一杯搞定。

做法

1. 西柚半个，去皮去子，剥出果肉。

2. 冬瓜削去外皮，挖去冬瓜子和中间绵软的部分。

3. 将冬瓜切成小块。

4. 草莓洗净，将其中一个带蒂对半切开，保留半个，其余的择去草莓蒂，放入果汁机。

5. 放入西柚肉、冬瓜块，搅打均匀。

6. 倒入杯中，点缀上步骤4预留的半个草莓即可。

材料

西柚半个（约 **100**g）／冬瓜 **200**g／草莓 **100**g

工具

迷你果汁机（搅拌机）

热量表

食材	西柚 **100**g	冬瓜 **200**g	草莓 **100**g	合计热量
热量	**33** 千卡	**24** 千卡	**32** 千卡	**89** 千卡

Tips

如果没有西柚，也可以用红心蜜柚来代替。

甜瓜莴笋蜜柚

初春就要一身轻松

美丽说

莴笋一上市，就代表着春天的正式来临。莴笋中的乳状浆液，能够帮助人体排出毒素。同时以下三种蔬果都富含膳食纤维；能有效帮助肠道蠕动，让你的肠胃和身体都轻松起来。

材料

甜瓜 1/4 个（约 200g）／莴笋 1/3 根（约 100g）／蜜柚 1/4 个（约 100g）

工具

迷你果汁机
（搅拌机）

Tips

莴笋的外皮纤维极多，所以削皮的时候一定要多削一些，露出嫩绿多汁的果肉才可以。

热量表

食材	甜瓜 200g	莴笋 100g	蜜柚 100g	合计热量
热量	27 千卡	15 千卡	42 千卡	84 千卡

做法

1. 甜瓜洗净、削皮，对半切开。

2. 挖去甜瓜子，然后切成小块。

3. 莴笋择去叶子，切去老化根部，削去外皮后洗净。

4. 取莴笋娇嫩的上端一段，切成小块。

5. 蜜柚去皮去子，剥出果肉。

6. 将甜瓜、莴笋、蜜柚一起放入果汁机，搅打均匀即可。

材料

冬瓜 **200**g ／芦笋 **100**g ／火龙果半个
（约 **150**g）／蜂蜜 **1** 汤匙

工具

迷你果汁机（搅拌机）

冬瓜芦笋
火龙蜜

微 甜 的 健 康 绿

做法

1. 冬瓜洗净，切去外皮，去除冬瓜子及中间绵软的部分。

2. 切成小块备用。

3. 芦笋洗净，沥干水分，切去老化的根部。

4. 将芦笋切成长约 3cm 的小段，留 1 个笋尖，其余的放入果汁机。

5. 火龙果对半切开，用勺子挖出果肉，和其他原料一起放入果汁机。

6. 加入 1 汤匙蜂蜜，搅打均匀，倒入杯中，点缀上芦笋尖即可。

热量表

食材	冬瓜 200g	芦笋 100g	火龙果 150g	合计热量
热量	24 千卡	22 千卡	90 千卡	136 千卡

也可以用挖果勺挖出一颗火龙果球作为点缀，也非常漂亮。

甜梨秋葵

换种口味吃秋葵

做法

1. 库尔勒香梨洗净外皮，梨把朝上，切成4瓣。

2. 水果刀在梨核处呈V字形对切，去除梨核，然后切成小块。

3. 甜瓜洗净、削皮，对半切开。

4. 挖去甜瓜子，然后切成小块。

5. 秋葵洗净，切去秋葵把，然后切成薄片，留几片备用。

6. 将香梨块、甜瓜块、秋葵片一起放入果汁机，搅打均匀后倒入杯中，点缀上步骤5预留的秋葵片作为点缀即可。

材料

库尔勒香梨1个（约**80**g）/甜瓜半个（约**200**g）/秋葵**50**g

工具

迷你果汁机（搅拌机）

热量表

食材	库尔勒香梨**80**g	甜瓜**200**g	秋葵**50**g	合计热量
热量	**34**千卡	**27**千卡	**23**千卡	**84**千卡

Tips

如果不喜欢生秋葵的口感，可以放入开水中汆烫**30**秒捞出晾凉再用来打汁。

青柠苹果西蓝花

西蓝花变身人气饮品

材料

苹果 1 个（约 100g）/ 西蓝花 200g /
青柠檬 1 个（约 50g）/ 饮用水 50ml

工具

柠檬榨汁器 / 切苹果器 / 迷你果汁机
（搅拌机）

热量表

食材	苹果 100g	西蓝花 200g	青柠檬 50g	合计热量
热量	54 千卡	72 千卡	18 千卡	144 千卡

Tips

榨汁的苹果推荐选用红富士，脆嫩多汁，酸甜适中，口感最佳。

做法

1. 青柠檬洗净，对半切开。

2. 靠近中间部位切取一片厚约 2mm 的薄片备用。

3. 用柠檬榨汁器将柠檬汁榨出，倒入果汁机。

4. 西蓝花掰成小块，洗净后沥干水分，倒入果汁机。

5. 苹果洗净外皮，用切苹果器去核后切小块，放入果汁机。

6. 搅打均匀后倒入杯中，将步骤 2 预留的柠檬片切一个刀口，卡在杯口即可。

材料

大芒果半个（约 **200**g）／小紫薯

1 个（约 **100**g）／牛奶 **250**ml

工具

迷你果汁机（搅拌机）／微波炉

香芒紫薯思慕雪

甘甜清爽，双份满足

做法

1. 紫薯洗净，用餐巾纸包好，打湿。

2. 放入微波炉，中高火转约 3 分钟。

3. 取出，对半切开，晾凉备用。

4. 芒果按照第 12 页的示范，取出芒果肉。

5. 将芒果肉和紫薯一起放入果汁机，加入牛奶。

6. 搅打均匀即可。

Tips

- 微波加热的时间需要根据紫薯的大小来调整，取出后用筷子扎一下，可以轻易插透就代表熟透了。
- 可以预留两块紫薯作为杯顶的点缀。

热量表

食材	芒果 **200**g	紫薯 **100**g	牛奶 **250**ml	合计热量
热量	**70** 干卡	**70** 干卡	**135** 干卡	**275** 干卡

香蕉黄瓜
思慕雪

令人惊艳的好味道

美丽说

香蕉和黄瓜，都是再寻常不过的食材。但是你知道把它们和牛奶、蜂蜜打成果蔬汁，味道有多么惊艳吗？清新中透着绵密奶香，还能清肠胃、抗疲劳、减脂肪，试过就让人难忘。

做法

1. 香蕉剥皮，掰成小块。

2. 黄瓜洗净外皮，切去黄瓜把。

3. 将黄瓜切成薄片，留出一片备用。

4. 把香蕉、黄瓜片一起放入果汁机，加入酸奶。

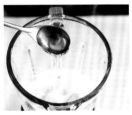

5. 加上 1 汤匙蜂蜜，搅打均匀。

6. 倒入杯中，于杯顶点缀上黄瓜片即可。

材料

香蕉 **1** 根（约 **80**g ） ╱ 黄瓜 **1** 根（约 **100**g ）╱ 酸奶 **250**ml ╱ 蜂蜜 **1** 汤匙

工具

迷你果汁机（搅拌机）

Tips

可尝试用枫糖浆代替蜂蜜，会获得完全不同的风味。

热量表

食材	香蕉 80g	黄瓜 100g	酸奶 250ml	蜂蜜 10g	合计热量
热量	74 千卡	16 千卡	180 千卡	32 千卡	302 千卡

雪梨牛油
思慕雪

淡淡的绿，淡淡的甜

材料

雪梨 **1** 个（约 **120g**）/
牛油果半个（约 **50g**）/
酸奶 **250**ml

工具

迷你果汁机（搅拌机）

Tips

也可以尝试用牛奶代替酸奶来制作，口感会更轻盈顺滑。

热量表

食材	雪梨 120g	牛油果 50g	酸奶 250ml	合计热量
热量	95 千卡	80 千卡	180 千卡	355 千卡

做法

1. 雪梨洗净，梨把朝上，切成4瓣。

2. 在果核处呈 V 字形划两刀，切掉梨核。

3. 将雪梨切成小块。

4. 牛油果按照第 12 页的示范，取出果肉。

5. 将牛油果、雪梨一起放入果汁机，加入酸奶。

6. 搅打均匀即可。

西柚黄瓜苏打水

一见"清新"

美丽说

酸甜多汁的西柚，是粉红色；脆嫩清新的水果黄瓜，是碧绿色；苏打泡泡在舌尖绽放的一瞬间，你的心情是什么颜色？

材料

西柚半个（约 100g）/ 水果黄瓜 1 根（约 60g）/ 饮用水 1L

工具

苏打水机 / 大凉杯

做法

1. 西柚洗净外皮，取一半，切成半圆形的薄片。

2. 水果黄瓜洗净，切去黄瓜把。

3. 切成厚约 2mm 的圆形薄片。

4. 将西柚片和黄瓜片放入大凉杯。

5. 用苏打水机制作 1L 的苏打水。

6. 将苏打水倒入凉杯，放入冰箱冷藏即可。

热量表

食材	西柚 100g	水果黄瓜 60g	苏打水	合计热量
热量	33 千卡	9 千卡	0 千卡	42 千卡

Tips

新鲜制作的苏打水气泡丰富口感极好，如果没有苏打水机，可以用市售苏打水来代替，尽量购买无糖无添加的纯苏打水，更加健康。

百香杨桃
薄荷苏打水

为 夏 日 遮 一 片 绿 荫

做法

1. 百香果对半切开，用勺子取出果肉，倒入凉杯。

2. 杨桃洗净，切成厚约2mm的薄片，放入凉杯。

3. 新鲜薄荷叶洗净，沥干水分，放入凉杯。

4. 用苏打水机制作 1L 的苏打水。

5. 缓缓倒入凉杯。

6. 置于冰箱冷藏即可。

材料

百香果 1 个（约 **30**g）／杨桃 1 个（约 **100**g）／新鲜薄荷叶若干片／饮用水 1L

工具

苏打水机／大凉杯

Tips

- 苏打水充满二氧化碳气体，在两个容器间倒换时，动作一定要轻柔，应该紧贴杯壁倾倒，尽量减少苏打水内气泡的损失。
- 可以加入少量的薄荷糖浆，味道会更加清凉。

热量表

食材	百香果 **30**g	杨桃 **100**g	苏打水	合计热量
热量	**29** 千卡	**31** 千卡	**0** 千卡	**60** 千卡

青柠杨梅苏打水

开胃解暑不倒牙

材料

青柠檬 1 个／杨梅 10 颗（约 100g）

工具

苏打水机／大凉杯

Tips

制作好的水果苏打水不宜久放，否则气体会完全散发。最好使用可以密封的凉水杯，并在 4 小时内饮用最佳。

热量表

食材	青柠檬 50g	杨梅 100g	苏打水	合计热量
热量	18 千卡	30 千卡	0 千卡	48 千卡

做法

1. 杨梅放入清水中，浸泡 10 分钟。

2. 将浸泡杨梅的水倒掉，再冲洗两遍，沥干水分。

3. 青柠檬洗净外皮，切成厚约 2mm 的薄片。

4. 将杨梅和青柠檬片放入大凉杯。

5. 用苏打水机制作 1L 的苏打水。

6. 将苏打水缓缓倒入凉杯中，置于冰箱冷藏即可。

第二篇

美白养颜

桃乐多

做个水蜜桃美人

材料

水蜜桃 1 个（约 **200**g）/
养乐多 1 瓶

工具

迷你果汁机

美丽说

水蜜桃富含蛋白质和铁，有美肤、清胃的功效。搭配养乐多的百余种益生菌，喝出桃花般的好颜色。

热量表

食材	水蜜桃 **200**g	养乐多 1 瓶	合计热量
热量	**86** 千卡	**54** 千卡	**140** 千卡

做法

1. 用流动的清水及百洁布粗糙的一面将水蜜桃轻轻擦洗干净，去除表面的绒毛。

2. 在水蜜桃中间部位拦腰切一圈，双手向反方向拧，即可去除果核。

3. 将水蜜桃果肉切成小丁。

4. 留取三四粒，其余放入果汁机。

5. 加入养乐多，搅打均匀。

6. 倒入杯中，在最上方点缀水蜜桃果肉粒即可。

Tips

有些品种的水蜜桃果肉和果核很难分离，需要用水果刀将果肉切下再进行后续操作。没有水蜜桃的季节，用黄桃罐头来制作，会有完全不同的风味和颜色。

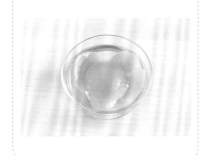

奇异雪梨多

甜 蜜 的 维 生 素 C

美丽说

一颗猕猴桃所提供的维生素C，可以满足一人每天需求量的两倍之多，是润肤美白的佳选。搭配生津润肺的雪梨，清爽又甜美。

材料

猕猴桃 1 颗（约 60g）/ 雪梨 1 个（约 120g）/ 养乐多 1 瓶

工具

迷你榨汁机

Tips

- 猕猴桃不宜选用捏起来硬邦邦的新果，口感酸涩且不易去皮，捏起来稍微柔软的最佳。
- 如果猕猴桃太生，可以和苹果一起放入塑料袋内，一般两三天即可熟透食用。

热量表

食材	猕猴桃 60g	雪梨 120g	养乐多 1 瓶	合计热量
热量	37 千卡	95 千卡	54 千卡	186 卡

做法

1. 将猕猴桃按照第 12 页的示范取出果肉，放入榨汁机。

2. 雪梨洗净外皮，用刀沿纵向切成 4 瓣。

3. 在梨核处呈 V 字形划两刀，去除果核。

4. 将梨切成小块，放入榨汁机。

5. 加入养乐多。

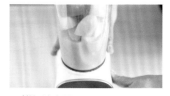

6. 搅打均匀即可。

西部果园

四季常有的健康屏障

美丽说

"每天一苹果，医生远离我"，这句话已成为苹果的健康代言。富含维生素的番茄四季常见、价格实惠，是天然的祛斑美白食物，与苹果搭配，味道和谐美妙。

做法

1. 苹果洗净，头朝下放在案板上，将苹果切瓣器的中间圆环对准苹果中心，用力向下压。

2. 丢掉中间的果核部分，余下的苹果肉切成小块放入果汁机。

3. 番茄洗净，去蒂，用厨房纸巾擦干水分。

4. 将番茄切成 4 瓣，再用刀仔细将果蒂附近较硬的部分切除。

5. 将切好的番茄放入果汁机，加入蜂蜜。

6. 搅打均匀即可。

材料

苹果 **1** 个（约 **100**g）/ 番茄 **2** 个（约 **200**g）/ 蜂蜜 **10**g

工具

苹果切瓣器 / 迷你果汁机（搅拌机）

热量表

食材	苹果 **100**g	番茄 **200**g	蜂蜜 **10**g	合计热量
热量	**54** 千卡	**40** 千卡	**32** 千卡	**126** 千卡

Tips

- 苹果核含有有毒物质，请务必仔细清除果核，确保没有残留。
- 苹果皮营养丰富，尽量保留，可以用果蔬专用清洗剂将苹果外皮清洗干净即可。

59

椰子双柚

柚子清新椰奶香

美丽说

西柚与柚子是两种神奇的水果：它们富含膳食纤维和维生素，糖分含量都很低，同时具有高钾低钠的特质，不仅是美颜排毒的佳果，对心脑血管病患者也有非常好的食疗效果。

做法

1. 西柚洗净，从中间对切成两半。

2. 取一半西柚，切成4瓣，去皮去子，尽量去除白色瓣膜，剥出西柚肉。

3. 蜜柚先将两端切掉，再切成4瓣，取一瓣用，余下的放入冰箱。

4. 将蜜柚去皮去子，尽量去除白色瓣膜，剥出蜜柚肉。

5. 将西柚肉和蜜柚肉放入果汁机，加入椰奶。

6. 搅打均匀即可。

材料

椰奶 **250**ml ／ 西柚半个（约 **100**g）／
蜜柚 **1/4** 个（约 **100**g）

工具

迷你果汁机（搅拌机）

Tips

- 已经切开的西柚和蜜柚用保鲜膜封好或放入密封盒置于冰箱，**24** 小时内食用即可。

- 蜜柚分为黄心蜜柚和红心蜜柚，可依个人喜好选择。

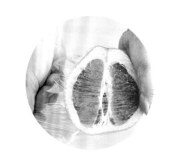

热量表

食材	椰奶 **250**ml	西柚 **100**g	蜜柚 **100**g	合计热量
热量	**125** 千卡	**33** 千卡	**42** 千卡	**200** 千卡

菠萝西瓜蜜

盛 夏 的 果 实

材料

菠萝半个（约 **150g**）/

西瓜 **1/4** 个（约

300g）/ 盐 **2** 茶匙

工具

迷你果汁机（搅拌机）

Tips

- 如果购买的是台湾凤梨，则可免去盐水浸泡这一步骤。
- 尽量购买无子西瓜，制作起来会更方便，口感也更好。如果是有子西瓜，建议先将西瓜子清除再制作果汁。

热量表

食材	菠萝 150g	西瓜 300g	合计热量
热量	66 千卡	78 千卡	144 千卡

做法

1. 菠萝去皮、挖去黑色孔洞，对半切开（可请商家代为去皮）。

2. 将菠萝切成小块。

3. 准备一碗饮用水，加入 2 茶匙盐，搅打均匀，将菠萝块放入盐水中浸泡 30 分钟左右。

4. 西瓜按照第 12 页的示范，切成小块。

5. 将菠萝和西瓜块放入果汁机。

6. 搅打均匀即可。

金橘青柠百香果

酸爽清新的水果茶

做法

1. 百香果对半切开，将果肉用勺子挖出，放入花茶壶或飘逸杯的内胆。

2. 青金橘洗净外皮，对半切开。

3. 青柠檬洗净外皮，切成薄片。

4. 将饮用水烧开；冰糖置于花茶壶或飘逸杯的外杯内。

5. 将金橘与柠檬也放入外杯。

6. 向花茶壶内胆注入开水，静置放凉即可。

Tips

- 冰糖可以用蜂蜜代替，但要等水温降至 60℃（摸杯壁外侧不烫手）才可以加入，不然会破坏蜂蜜中的维生素。

- 如果想喝冰饮，需要待饮品降至室温才可放入冰箱进行冷藏。

材料

青金橘 3 颗（约 50g）／青柠 1 个（约 50g）／百香果 1 颗（约 30g）／冰糖 10g ／饮用水 500ml

工具

热水壶／飘逸杯或花茶壶

热量表

食材	青金橘 50g	青柠 50g	百香果 30g	冰糖 10g	合计热量
热量	29 千卡	18 千卡	29 千卡	40 千卡	116 千卡

香梨木瓜

解毒美白抗氧化

材料

库尔勒香梨 1 个（约 **80**g）/
木瓜半个（约 **300**g）

工具

迷你果汁机（搅拌机）

热量表

食材	库尔勒香梨 **80**g	木瓜 **300**g	合计热量
热量	**34** 千卡	**87** 千卡	**84** 千卡

做法

1. 库尔勒香梨洗净外皮，梨把朝上，切成 4 瓣。

2. 水果刀在梨核处呈 V 字形对切，去除梨核，然后切成小块。

木瓜尽量选熟一点的，不但甜度更高，也更好去皮。

3. 木瓜对半切开，用勺子去除瓜子。

4. 取半个木瓜，切成 3 瓣，用水果刀紧贴瓜皮内侧削去果皮。

5. 将去过皮、子的木瓜切成小块，和香梨块一并放入果汁机。

6. 搅打均匀即可。

百香西柚梨

粒 粒 酸 甜

美丽说

百香果不仅功效多多，味道也非常提神醒脑，加入一点果汁就能令整杯饮品香气四溢。粉嫩嫩的西柚和雪白的梨肉，颗粒感十足，喝在嘴里脆爽香甜。

做法

1.将滤网架在果汁机上，百香果对半切开，将果肉用勺子挖出，倒在滤网上，滤掉子粒。

2.西柚洗净，切成六瓣。

3.去皮去子，剥出西柚肉。

4.梨洗净，梨把朝上，切成4瓣。

5.用刀在梨核处呈V字形切去梨核，然后切成小块。

6.将西柚和梨放入果汁机，搅打均匀即可。

材料

百香果1颗（约30g）/西柚1个（约200g）/雪梨1个（约120g）

工具

滤网1个/迷你果汁机（搅拌机）

热量表

食材	百香果 30g	西柚 200g	雪梨 120g	合计热量
热量	29 千卡	66 千卡	95 千卡	190 千卡

百香果子外面还会包裹一层厚厚的果肉，丢弃非常可惜，可以置于大凉杯中，加入几颗冰糖，注入开水，待冷却后就是酸酸甜甜、果香四溢的百香果水了。

四个瓜

小瓜瓜们的神奇魔法

材料

西瓜 **200**g ／ 冬瓜 **100**g ／ 甜
瓜 **100**g ／ 哈密瓜 **100**g

工具

迷你果汁机（搅拌机）

美丽说

西瓜消暑润肤，冬瓜利尿消肿，甜瓜
生津止渴，哈密瓜清热排毒。传说集
齐这四种瓜做出的果汁，可以召唤苗
条的身材和白嫩的皮肤哦！

做法

1.西瓜按照第 12 页的示范
切成小块。

2.冬瓜洗净，去皮去子，
切成小块。

3.甜瓜洗净、削皮，对半
切开。

4.挖去甜瓜子，然后切成
小块。

5.哈密瓜同甜瓜一样方法
处理。

6.将西瓜、冬瓜、甜瓜、
哈密瓜一起放入榨汁机，
搅打均匀即可。

Tips

• 冬瓜生榨汁排毒利尿的效果更好，如
果实在喝不惯，可以用开水煮 1 分钟
后晾凉再榨汁。

• 未用完的瓜记得用保鲜膜包好放入冰
箱冷藏。

热量表

食材	西瓜 200g	冬瓜 100g	甜瓜 100g	哈密瓜 100g	合计热量
热量	52 千卡	12 千卡	14 千卡	34 千卡	112 千卡

雪梨石榴

白里透红，与众不同

美丽说

雪梨果肉洁白，清脆多汁，具有止咳润肺、养血生肌的功效。石榴子像一颗颗红宝石，能够生津止渴，收敛固涩，搭配在一起，不仅是颜值颇高的一款饮品，口感也充满惊喜哟！

做法

1. 雪梨洗净，梨把朝上，切成 4 瓣。

2. 用水果刀在梨核处呈 V 字形将梨核切掉。

3. 石榴在距离开口处 2cm 左右的位置，用水果刀划开一个圆圈（划透果皮即可）。

4. 用手将划掉的石榴皮顶部拽下，然后沿着内部的隔膜将石榴皮的侧边划开。

5. 将石榴掰开，即可轻松剥出石榴子。

6. 将石榴子倒入果汁机，搅打均匀即可。

材料

雪梨 1 个（约 120g）／石榴 1 个（约 100g）

工具

迷你果汁机（搅拌机）

热量表

食材	雪梨 120g	石榴 100g	合计 热量
热量	95 千卡	73 千卡	168 千卡

购买时请向店家询问是否有软子石榴。这种石榴的子粒细小而柔软，打出的果汁口感更好。

牛奶释迦蕉

3 倍于牛奶的香滑

美丽说

释迦又称番荔枝，是特别好的抗氧化水果，能够美白润肤、延缓肌肤衰老，并且膳食纤维含量高，和香蕉一样，都能促进肠蠕动，口感也都具有与牛奶一样的香滑，搭配在一起非常和谐。

材料

释迦 1 个（约 100g）/ 香蕉 1 根（约 80g）/ 牛奶 250ml

工具

迷你果汁机（搅拌机）

Tips

- 释迦一定要熟软才能吃，如果买回家的释迦还是硬邦邦的，可以包裹几层餐巾纸，喷上水使之保持潮湿，过两天便能成熟。
- 未成熟的释迦一定不能放进冰箱冷藏，否则将无法自熟，只能丢弃。

热量表

食材	释迦 100g	香蕉 80g	牛奶 250ml	合计热量
热量	94 千卡	74 千卡	135 千卡	303 千卡

做法

1. 释迦洗净外皮，切成 4 瓣。

2. 削去青皮，剔除子粒。

3. 香蕉去皮，切成小段。

4. 将释迦和香蕉一起放入果汁机。

5. 加入牛奶。

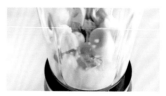

6. 搅打均匀即可。

椰奶木瓜

椰香四溢，美白抗衰

美丽说

木瓜是否丰胸尚待论证，但是由于含有超氧化物歧化酶 SOD，它的抗衰老功效却是毋庸置疑的。与清爽的椰汁和脱脂牛奶搭配，口感香浓甜蜜，具有很强的饱腹感，热量却不高哦。

材料

木瓜半个（约 **300**g）／椰青 **1** 个／

脱脂牛奶 **200**ml

工具

开洞器／

迷你果汁机（搅拌机）

做法

1. 木瓜对半切开，用勺子去除子粒。

2. 取半个木瓜，切成 3 瓣，用水果刀紧贴瓜皮内侧削去果皮。

3. 将去过皮、子的木瓜切成小块，放入果汁机。

4. 椰青洗净，用开洞器开洞。

5. 取 150ml 椰汁倒入果汁机。

6. 加入脱脂牛奶，搅打均匀即可。

热量表

食材	木瓜 300g	椰汁 150ml	脱脂牛奶	合计热量
热量	87 千卡	75 千卡	66 千卡	228 千卡

Tips

- 网上购买的椰青，卖家一般会搭配开洞器，可方便地给椰青开洞取汁。

- 如果觉得自取椰汁比较麻烦，也可以直接使用市售椰奶来代替椰青和牛奶，但是热量会稍高。

羽衣甘蓝
青苹果

爽口美颜，改善气色

做法

1. 羽衣甘蓝去除老化的叶片，切掉根部。

2. 洗净后甩干水分。

3. 切碎后放入果汁机。

4. 青苹果洗净，果把朝下放在案板上，用切苹果器对准果核部分用力向下压。

5. 丢弃果核，将分离出的苹果瓣放入果汁机。

6. 搅打均匀即可。

材料

羽衣甘蓝 **100**g ／ 青苹果 **2** 个（约 **200**g）

工具

迷你果汁机／切苹果器

热量表

食材	羽衣甘蓝 100g	青苹果 200g	合计热量
热量	32 千卡	98 千卡	140 千卡

- 羽衣甘蓝体积比较蓬松，将苹果瓣用力向下压实即可。
- 如果嫌青苹果口感过酸，可以适当加 1 汤匙蜂蜜调和口味。

哈密西柚胡萝卜

美白祛斑护肠道

材料

哈密瓜1/4个（约100g）/西柚半个（约100g）/胡萝卜1小根（约75g）

工具

迷你果汁机（搅拌机）

Tips

挑选胡萝卜时，应选择外皮光滑、有光泽、纹路少而饱满的个体，如果还带有鲜嫩的胡萝卜缨最好，这样的胡萝卜水分多、甜度大，打汁特别好喝。

热量表

食材	哈密瓜100g	西柚100g	胡萝卜75g	合计热量
热量	34千卡	33千卡	24千卡	91千卡

做法

1. 哈密瓜洗净外皮，对半切开。

2. 用勺子挖出瓜子，然后用削皮器削去瓜皮，切成小块。

3. 西柚切成六瓣，取其中三瓣剥皮去子，剥出西柚果肉。

4. 留一小块较为完整漂亮的西柚肉备用。

5. 胡萝卜洗净，切去根部，然后切成小块。

6. 将哈密瓜块、西柚肉、胡萝卜块一起放入榨汁机，搅打均匀后倒入杯中，将步骤4预留的西柚肉摆放在最上面即可。

美丽说

谁说喝苦瓜汁就要变成苦瓜脸？有甜美的菠萝和香喷喷的百香果助阵，再加上养颜润肠的蜂蜜，一定会让你喜上眉梢！

做法

1. 500ml饮用水加1茶匙盐调匀；菠萝切成小块，放入淡盐水中浸泡半小时以上。

2. 苦瓜洗净外皮，纵向剖开，去除中间的苦瓜子以及白色部分；切成薄片，放入清水中浸泡10分钟。

3. 捞出后放入果汁机，加入蜂蜜腌渍片刻。

4. 将滤网架在果汁机上；百香果对半切开，用勺子挖出果肉，倒在滤网上，仅使用果汁。

5. 将步骤1的菠萝块捞出，沥干水分，留1块作为点缀，其余的倒入果汁机。

6. 搅打均匀后倒入杯中，点缀上步骤5预留的菠萝块即可。

菠萝苦瓜
百香果

喜上眉梢，甜上嘴角

材料

菠萝 1/4 个（约 100g）/
苦瓜 1 根（约 100g）/
百香果 1 个（约 30g）/
蜂蜜 20g / 盐 1 茶匙 /
饮用水 500ml

工具

滤网 / 迷你果汁机
（搅拌机）

Tips

百香果的子粒其实可以食用，并且富含蛋白质，但是果汁机非常难以将它打碎，可使用破壁机操作。

热量表

食材	菠萝 100g	苦瓜 100g	百香果 30g	蜂蜜 20g	合计热量
热量	44 千卡	22 千卡	29 千卡	64 千卡	159 千卡

香桃雪梨
火龙果

喝出白雪公主般的好气色

美肤小能手水蜜桃最为养人，与清热润肺的雪梨和富含膳食纤维的火龙果搭配在一起，白白嫩嫩透着微微粉红，像白雪公主的脸庞一样迷人。

做法

1.水蜜桃洗净，拦腰横切一圈，要深至果核。

2.两手反方向用力，即可轻易将桃子拧开，然后去除果核。

3.将水蜜桃切成小块，放入果汁机。

4.雪梨洗净，梨把朝上，切成4瓣，在果核处呈V字形划两刀，切掉梨核，然后切成小块，放入果汁机。

5.火龙果对半切开，用勺子挖出果肉，放入果汁机。

6.搅打均匀即可。

材料

水蜜桃 1 个（约 200g）/ 雪梨 1 个（约 120g）/ 火龙果半个（约 150g）

工具

迷你果汁机（搅拌机）

热量表

食材	水蜜桃 200g	雪梨 120g	火龙果 150g	合计热量
热量	86 千卡	95 千卡	90 千卡	271 千卡

Tips

水蜜桃的果皮上覆盖着一层细细的绒毛，在清洗的时候，用百洁布轻柔地打圈擦拭，即可去除。

杨桃莲雾橙

小 众 的 甜 蜜

材料

杨桃 1 个（约 **100**g）/ 莲雾 1 个（约 **100**g）/ 脐橙 1 个（约 **120**g）

工具

迷你果汁机（搅拌机）

Tips

莲雾的口感与苹果近似，如果购买不到，可以用苹果代替。

热量表

食材	杨桃 100g	莲雾 100g	莲雾 100g	合计热量
热量	**31** 千卡	**39** 千卡	**58** 千卡	**128** 千卡

做法

1. 杨桃洗净，切成厚约 2mm 的薄片，留出一片，切开一个 3cm 左右的小口备用。

2. 莲雾洗净，切成 4 瓣。

3. 去除莲雾的果把和果核，切成小块。

4. 脐橙切成六瓣，剥去果皮。

5. 将杨桃片、莲雾、脐橙，一并放入果汁机，搅打均匀。

6. 倒入杯中，将步骤 1 预留的杨桃片卡在杯口作为点缀即可。

桑葚雪梨蔓越莓

甜蜜的紫色诱惑

做法

1. 将蔓越莓干用清水浸泡10分钟以上备用。

2. 桑葚洗净，沥干水分。

3. 雪梨洗净，梨把朝上，切成4瓣。

4. 在果核处呈V字形划两刀，切掉梨核，然后切成小块。

5. 留1个桑葚备用，将其余的桑葚与雪梨一起放入果汁机，加入步骤1的蔓越莓和饮用水，搅打均匀。

6. 倒入杯中，点缀上步骤5预留的桑葚即可。

材料

桑葚 **100**g ／雪梨 **1** 个（约 **120**g）／蔓越莓干 **20**g ／饮用水 **50**ml

工具

迷你果汁机（搅拌机）

热量表

食材	桑葚 100g	雪梨 120g	蔓越莓干 20g	合计热量
热量	**57** 千卡	**95** 千卡	**65** 千卡	**217** 千卡

Tips

可以尝试用 **20**ml 朗姆酒代替饮用水来浸泡蔓越莓干，一杯令人微醺迷醉的水果酒就诞生了！

杨梅桃桃

泡一壶夏日的果香

美丽说

初夏，酸酸甜甜的杨梅上市了，紧跟着就是惹人垂涎的水蜜桃，搭配形状漂亮的杨桃片，好像把整个夏天的美好都泡在了一杯之中，生津止渴，美白好气色。

做法

1. 将冰糖放入凉杯，水烧开后注入，等待降温的同时准备其余水果。

2. 杨梅洗净，用清水浸泡10分钟后捞出，沥干水分，放入冰糖热水中浸泡。

3. 水蜜桃洗净，拦腰横切一圈，要深至果核。

4. 两手反方向用力，即可轻易将桃子拧开，然后去除果核，将桃子切成半圆形的薄片。

5. 杨桃洗净，切成薄片。

6. 将桃子片和杨桃片放入杨梅水中浸泡，冷却至室温后，放入冰箱冷藏过夜即可。

材料

杨梅 **100**g／水蜜桃 **1** 个（约 **200**g）／杨桃 **1** 个（约 **100**g）／饮用水 **1**L／冰糖 **10**g

工具

烧水壶／大凉杯

热量表

食材	杨梅 100g	水蜜桃 200g	杨桃 100g	冰糖 10g	合计热量
热量	30 千卡	86 千卡	31 千卡	40 千卡	187 千卡

 Tips

没有新鲜杨梅的季节，也可以用蜜渍杨梅来代替，将用量减少至 **50**g，并省略菜谱中的冰糖即可。

金橘哈密紫甘蓝

淡紫迷情，酸甜飘香

美丽说

紫甘蓝富含补血养颜、营养丰富，备受健康饮食人群的推崇。但只有在生食时，它的营养成分才能得到最全面的保留。现在，除了拌沙拉，你还有了另一种方便又美味的做法！

材料

青金橘 50g ／哈密瓜 1/4 个（约 100g）／紫甘蓝 1/4 棵（约 200g）

工具

迷你果汁机（搅拌机）

Tips

金橘以广西融安出产的滑皮金橘品质最佳，果皮脆滑，果肉多汁而无子。如果购买不到合心意的金橘，可以用脐橙来代替。

热量表

食材	金橘 50g	哈密瓜 100g	紫甘蓝 200g	合计热量
热量	29 千卡	34 千卡	50 千卡	113 千卡

做法

1. 金橘洗净，对半切开，留半个作为点缀，其余的用手挤出果汁。

2. 哈密瓜洗净外皮，对半切开。

3. 用勺子挖出瓜子，然后用削皮器削去瓜皮，切成小块。

4. 紫甘蓝洗净，剥去外面一层老叶，切成 4 瓣，取其中一瓣，切成细丝。

5. 将金橘汁、哈密瓜、紫甘蓝一起放入果汁机，搅打均匀。

6. 倒入杯中，点缀上步骤 1 预留的半颗金橘即可。

材料

菠萝 1/4 个(约 100g)/ 杨桃 1 个(约 100g)/ 酸奶 200ml / 饮用水 500ml / 盐 1 茶匙

工具

迷你果汁机(搅拌机)

菠萝杨桃思慕雪

酸 甜 消 夏 风

做法

1. 500ml 饮用水加 1 茶匙盐调匀。

2. 菠萝切成小块,放入淡盐水中浸泡半小时以上。

3. 杨桃洗净,切成薄片。

4. 保留其中一片,切一个 3cm 长的刀口。

5. 菠萝捞出沥干水分,与杨桃一起放入果汁机,加入酸奶。

6. 搅打均匀后倒入杯中,在杯口装饰上杨桃片即可。

热量表

食材	菠萝 100g	杨桃 100g	酸奶 200ml	合计热量
热量	44 千卡	31 千卡	144 千卡	219 千卡

也可以将杨桃片平铺在杯面上,一样很漂亮。

奇异火龙
思慕雪

小小种子，神奇力量

美丽说

碧绿多汁的猕猴桃，微甜饱腹的火龙果，有着一个奇妙的共同之处：果肉中都包含了一粒粒小种子。这些子粒蕴含了植物的绝大部分精华，防癌抗衰老，对人体健康大有裨益。

做法

1. 猕猴桃按照第 12 页的示范取出果肉。

2. 切一片厚约2cm的薄片，其余放入果汁机。

3. 火龙果对半切开，取一半挖出果肉。

4. 将火龙果肉放入果汁机，加入酸奶。

5. 搅打均匀，倒入杯中。

6. 点缀上步骤 2 预留的猕猴桃薄片即可。

材料

猕猴桃 **1** 颗（约 **60**g）／火龙果半个（约 **150**g）／酸奶 **250**ml

工具

迷你果汁机（搅拌机）

热量表

食材	猕猴桃 60g	火龙果 150g	酸奶 250ml	合计热量
热量	37 千卡	90 千卡	180 千卡	307 千卡

Tips

成熟的猕猴桃会比较柔软，口感更好，但难以切片。可以用火龙果肉切小块来代替作为装饰。

油桃柠檬
茉莉茶

茉莉水果满口香

材料

新鲜油桃 1 个（约 100g）/
鲜柠檬 1 个（约 50g）/ 茉莉
绿茶 4 包 / 饮用水 1L

工具

1L 凉水杯 / 热水壶

美丽说

桃子是众所周知的养人水果，搭配富含维生素 C 的柠檬，美白效果加倍。茉莉绿茶的清香，混合着水果的酸甜，这样芬芳清新的饮品，谁能不喜欢呢？

做法

1. 将饮用水烧开，冷却至 85℃左右，取 300ml 使用。

2. 加入 4 个茉莉绿茶包，浸泡 30 秒后取出，将水倒掉。

3. 将茶包放入凉水杯，加入剩余的热水。

4. 油桃参考第 12 页的方法去核，然后切成半圆形的薄片。

5. 鲜柠檬洗净，切成薄片。

6. 将油桃片和柠檬片加入茶水中，取出茶包丢弃即可。

热量表

食材	油桃 100g	柠檬 50g	合计热量
热量	43 千卡	18 千卡	61 千卡

Tips

- 倒掉第一次冲泡茶包的水，是为了去除茶叶中的涩味。

- 冲泡绿茶的水温一定不可以过高，否则会损失绿茶的清新滋味，并产生苦涩的味道。

- 如果觉得味道过酸，可以加 2 汤匙蜂蜜来调味。

玫瑰草莓冰红茶

粉红色的少女心

材料

玫瑰花蕾 **10** 颗/草莓 **10** 颗（约 **100**g）/冰糖 **10**g／红茶包 **4** 包／饮用水 **1.2**L

工具

1L 凉水杯／热水壶

Tips

玫瑰花蕾经过长时间浸泡颜色会变淡，属于正常现象。如果想要饮品更加漂亮，可以饮用前将已经褪色的玫瑰花蕾捞出，撒上新的玫瑰花蕾即可。

热量表

食材	草莓 **100**g	冰糖 **10**g	合计热量
热量	**32** 千卡	**40** 千卡	**72** 千卡

做法

1. 将饮用水烧开，冷却至 85℃ 左右，取 300ml 使用。

2. 加入 4 个红茶包，浸泡 30 秒后取出，将水倒掉。

3. 将红茶包放入凉水杯，加入冰糖。

4. 注入剩余的热水，轻轻搅拌至冰糖溶化。

5. 草莓洗净去蒂，对切成两半。

6. 将草莓和玫瑰花蕾放入茶水中，捞出茶包丢弃，冷却至室温，放入冰箱冷藏即可。

第三篇

补血益气

生姜甘蔗
红枣汁

甜 甜 暖 暖 很 贴 心

做法

1. 生姜洗净，切成薄片。

2. 红枣洗净浮尘，沥干
水分。

3. 小奶锅加饮用水烧开，
放入生姜片、红枣、红糖，
加盖后中小火煮3分钟。

4. 关火后开盖晾凉。

5. 甘蔗剁成小块，放入原
汁机，榨出甘蔗汁。

6. 将晾凉的红枣生姜水
和甘蔗汁倒入容器中混合
即可。

材料

生姜 **1** 小块 / 甘蔗 **500**g（榨汁后 **200**g
左右）/ 干红枣 **6** 颗（约 **25**g）/ 红糖
10g / 饮用水 **600**ml

工具

原汁机 / 小奶锅

热量表

食材	甘蔗汁 200g	红糖 10g	红枣 25g	合计热量
热量	130 千卡	39 千卡	66 千卡	235 千卡

Tips

务必请卖甘蔗的商贩帮忙把甘蔗皮削去
并砍成小段，有些商贩会配有甘蔗榨汁
机，请他们代为榨汁更加方便。

荔枝提子
雪梨汁

女 王 般 的 享 受

材料

荔枝 100g ／ 无子红提 100g ／ 雪梨 1 个（约 120g）／ 饮用水 100ml

工具

迷你果汁机（搅拌机）

做法

1. 雪梨洗净，梨把朝上，切成 4 瓣。

2. 在果核处呈 V 字形划两刀，切掉梨核。

3. 将雪梨切成小块。

4. 荔枝洗净，剥壳去核。

5. 无子红提洗净，沥干水分。

6. 将雪梨、荔枝肉、红提和饮用水一起放入果汁机中，搅打均匀，可再撒入切碎的红提粒装饰即可。

热量表

食材	荔枝 100g	红提 100g	雪梨 120g	合计热量
热量	71 千卡	52 千卡	95 千卡	218 千卡

Tips

正宗的红提，果皮厚实，无涩味，个头大而呈正圆形，无子多汁，饱满耐存放。购买前请务必向店家咨询，以美国、南非产的为佳。

车厘子
雪梨汁

~~~

叫车厘子是有原因的

美丽说

随着罗马帝国的繁盛，樱桃作为重要的果树资源开始遍布欧洲大陆。我国的樱桃自十九世纪七十年代才经由传教士引入，因此欧洲的樱桃种植年代久远、选种更加优良，按照"Cherry"的音译，被称为"车厘子"，其富含铁元素，补血效果极佳。

材料

车厘子 **100**g ／ 雪梨 **2** 个（约 **240**g）

工具

迷你果汁机（搅拌机）／

硬吸管

Tips

如果没有较硬的吸管，也可以将樱桃对半切开，手动去除车厘子核。

热量表

食材	车厘子 **100**g	雪梨 **240**g	合计热量
热量	**46** 千卡	**190** 千卡	**236** 千卡

做法

1. 车厘子洗净，沥干水分。

2. 预先留两个梗部相连的作为装饰，其余的择去梗部。

3. 用较硬的吸管或筷子将车厘子核去除。

4. 雪梨洗净，梨把朝上，切成 4 瓣，在果核处呈 V 字形划两刀，切掉梨核。

5. 将雪梨切成小块，与车厘子一起放入果汁机。

6. 搅打均匀，倒入杯中，在杯口点缀上步骤 2 预留的车厘子即可。

美丽说

滋肾润肺的枸杞子、补血养颜的红枣，还有水果中含铁量极高的樱桃，这三种大大小小深深浅浅的红色果实聚在一杯之中，喝下去，它们就会告诉你美丽的秘密。

枸杞红枣樱桃汁

小红果们的美丽秘密

做法

1. 枸杞子和红枣一起洗净浮尘，沥干水分。

2. 与冰糖一起放入大凉杯。

3. 将 1L 饮用水烧开，倒入大凉杯内。

4. 樱桃洗净，沥干水分。

5. 放入保鲜袋，扎紧袋口，用擀面杖轻轻敲打几下，使樱桃轻微破裂。

6. 将樱桃倒入凉杯内即可。

热量表

食材	枸杞 10g	红枣 25g	樱桃 100g	冰糖 10g	合计热量
热量	26 千卡	66 千卡	46 千卡	40 千卡	178 千卡

如果使用个头较大的车厘子，可以细致地用水果刀将车厘子切成两半，效果会更加好看。

材料

枸杞子 **10**g ／红枣 **6** 颗（约 **25**g）／樱桃 **100**g ／饮用水 1L ／冰糖 **10**g

工具

大凉杯（可盛开水）／热水壶

桂圆石榴
香梨汁

好味道，好意头

美丽说

桂圆益脾补血、润泽肌肤，是可入药的水果；库尔勒香梨是维吾尔族医生们大为推崇的健康食材，搭配能够滋阴养血的石榴，味道好，意头更好。

材料

新鲜桂圆 **100g** / 石榴
半个（约 **50g**）/ 库尔
勒香梨 **2** 个（约**160g**）/
饮用水 **100ml**

工具

迷你果汁机（搅拌机）

Tips

- 也可以使用桂圆干，但是尽量购买原味晒干的，而不是蜜渍的，这样糖分摄入少，更加健康。
- 使用桂圆干前先用饮用水浸泡一会儿，使桂圆干恢复一些水分，这样打出的果汁口感更加细腻。

热量表

食材	鲜桂圆 100g	石榴 50g	库尔勒香梨 160g	合计热量
热量	71 千卡	37 千卡	68 千卡	176 千卡

做法

1. 香梨洗净，梨把朝上，切成 4 瓣，在果核处呈 V 字形划两刀，切掉梨核，然后将香梨切成小块。

2. 石榴在距离开口处 2cm 左右的位置，用水果刀划开一个圆圈（划透果皮即可）。

3. 用手将划掉的石榴皮顶部拽下，然后沿着内部的隔膜将石榴皮的侧边划开。

4. 将石榴掰开，即可轻松剥出石榴子。

5. 桂圆洗净，剥皮去核，取出果肉备用。

6. 将香梨块、桂圆肉和饮用水一起放入果汁机，搅打均匀后倒入杯中，撒入石榴子即可。

橘子不丑，果汁也很温柔

美丽说

其实丑橘一点也不丑，尤其在你尝过了它异常柔软的果肉之后，那果冻一般的口感绝对让人难以忘怀。富含叶酸的丑橘，能够预防贫血，搭配苹果和猕猴桃，真是一杯柔情满满的果汁呢！

做法

1. 苹果洗净外皮，用切苹果器去核后切小块。

2. 猕猴桃按照第12页的示范，取出果肉。

3. 切1片厚约2mm的猕猴桃片作为饮料装饰物。

4. 丑橘洗净，剥去外皮。

5. 仔细检查每一瓣丑橘，如果有子，取出丢掉。

6. 将苹果、猕猴桃和丑橘一并放入果汁机，搅打均匀后倒入杯中，点缀上步骤3预留的猕猴桃片即可。

丑橘以川西盆地所产为佳，好的丑橘应该果皮柔软、与果肉间有大的空隙，橘肉柔软多汁，甜度高而酸度低。

材料

猕猴桃1个（约60g）／苹果1个（约100g）／丑橘1个（约160g）

工具

迷你果汁机（搅拌机）

热量表

食材	猕猴桃 60g	苹果 100g	丑橘 160g	合计 热量
热量	37 千卡	54 千卡	59 千卡	150 千卡

奇异西柚
胡萝卜

提 高 免 疫 不 贫 血

美丽说

猕猴桃富含维生素C，具有抗氧化、增强免疫力的功效；高钾低钠的西柚对心血管大有益处；富含多种维生素及矿物质的胡萝卜，则有益肝明目、改善贫血的作用。

做法

1. 猕猴桃按照第12页的示范取出果肉。

2. 胡萝卜洗净，切成厚约2mm的圆片。

3. 取横截面最大的一片，用花朵形蔬菜切模切出花朵的形状。

4. 西柚剥皮去子，仔细去除瓣膜，剥出西柚肉。

5. 将猕猴桃、胡萝卜、西柚肉一起放入果汁机，搅打均匀。

6. 倒入杯中，在杯顶点缀上步骤3切好的胡萝卜花朵即可。

材料

猕猴桃 1 个（约 60g）／西柚 1/4 个（约 100g）／胡萝卜半根（约 50g）

工具

迷你果汁机（搅拌机）／花朵蔬菜切模

热量表

食材	猕猴桃 60g	西柚 100g	胡萝卜 50g	合计热量
热量	37 千卡	33 千卡	16 千卡	86 千卡

Tips

如果没有蔬菜切模，也可以尝试用小刀切成较为简单的心形。

胡萝卜南瓜汁

充满食欲的田园小饮

热量表

食材	胡萝卜 100g	南瓜 200g	合计热量
热量	32 千卡	46 千卡	78 千卡

Tips

- 也可以将胡萝卜与南瓜块一起放入蒸锅内，大火蒸 10 分钟左右即可。
- 如果喜欢热饮，可将生的胡萝卜和南瓜、饮用水直接放入米糊机内来制作。
- 南瓜皮营养丰富，不宜丢弃，清洗干净后直接使用，放心，果汁机或米糊机的刀片会将难以下咽的南瓜皮打得很细腻。

材料

胡萝卜 1 根（约 100g）/ 南瓜 200g / 饮用水 100ml

工具

微波炉 / 迷你果汁机（搅拌机）

做法

1. 胡萝卜洗净，切去萝卜头部分。

2. 将胡萝卜切成厚约 1cm 的小段。

3. 南瓜洗净外皮，切取需要的量，去子，切成小块。

4. 将胡萝卜和南瓜一起放入小碗中，盖上保鲜膜，并用牙签扎几个孔。

5. 放入微波炉高火转 3 分钟左右，至胡萝卜和南瓜熟透。

6. 冷却至不烫手后，放入果汁机，加入饮用水，搅打均匀即可。

材料

鲜桂圆 **100**g ／桑葚 **100**g ／番茄 **1** 个（约 **200**g）

工具

迷你果汁机（搅拌机）

桂圆桑葚番茄

成就气色红润的不老女神

做法

1. 桑葚用清水浸泡 10 分钟，再冲洗两遍，沥干水分。

2. 桂圆洗净，剥皮去核，取出果肉。

3. 番茄洗净外皮，头朝下放在案板上，切成四瓣。

4. 用刀将白色硬心连同番茄蒂一并切除。

5. 将番茄、桑葚、桂圆肉一起放入果汁机。

6. 搅打均匀即可。

热量表

食材	鲜桂圆 100g	桑葚 100g	番茄 200g	合计热量
热量	71 千卡	57 千卡	40 千卡	168 千卡

Tips

桑葚有黑白两种，鲜食以紫黑色为补益上品。未成熟的桑葚切记不能食用。

苹果菠萝杨桃汁

甜甜的 "大力水手"

美丽说

大力水手凭借一罐罐菠菜，化解了一次又一次危机。富含铁质的菠菜，具有养血补血的功效，常吃能够增强青春活力。把它和好味道的苹果与杨桃一起榨汁，不仅要让身体像大力水手一样强壮，口感也要甜甜蜜蜜！

做法

1.苹果洗净外皮，用切苹果器去核后切小块。

2.菠菜择去老叶，放入洗菜盆冲洗干净，沥干水分。

3.将菠菜切成 2cm 的段。

4.杨桃洗净，切成厚约2mm 的薄片。

5.留一片杨桃作为装饰，其余的和苹果块、菠菜叶一起放入果汁机。

6.搅打均匀后倒入杯中，将步骤 5 预留的杨桃片卡在杯口作为装饰即可。

材料

苹果 1 个（约 100g）/ 菠菜 100g / 杨桃 1 个（约 100g）/ 饮用水 100ml

工具

迷你果汁机（搅拌机）

热量表

食材	苹果 100g	菠菜 100g	杨桃 100g	合计热量
热量	54 千卡	28 千卡	31 千卡	113 千卡

- 菠菜根的营养非常丰富，尽量洗净泥土，保留菠菜根。
- 如果喝不惯生菠菜的味道，也可以先将菠菜焯水后再制作。

桂圆红枣
玫瑰茶

益气补血，玫瑰飘香

美丽说

桂圆养血补血、滋阴润燥、理气生肌，搭配生血润颜的红枣、疏肝解郁的玫瑰花，再加一小块糖中上品——黑糖，一壶满溢着花果香的养生茶，就这样轻轻松松把健康带给你。

材料

桂圆干 **6** 颗（可食部分约 **15g**）／干红枣 **6** 颗（约 **25g**）／玫瑰花蕾 **6** 颗／饮用水 **600ml**／黑糖 **1** 小块（约 **10g**）

工具

热水壶／花茶壶

Tips

- 目前市售黑糖有很多种口味，例如生姜、桂圆、红枣、玫瑰等，可依喜好选择。
- 除了块状黑糖，也可以选用液体或散装的黑糖来制作，使用量在 **10g** 左右。

热量表

食材	桂圆干 15g	红枣 25g	菠菜 100g	黑糖 10g	合计热量
热量	51 千卡	66 千卡	28 千卡	37 千卡	191 千卡

做法

1. 桂圆干剥去外皮，去除果核。

2. 红枣淘洗干净，用厨房纸巾吸干水分。

3. 将桂圆干、玫瑰花蕾和红枣一起放入花茶壶中。

4. 加入一块黑糖。

5. 热水烧开，注入花茶壶。

6. 将黑糖搅拌至融化，再静置10分钟以上即可饮用。

"桃花坞里桃花庵，桃花庵下桃花仙，桃花仙人种桃树，又折花枝换酒钱。"桃树在结出第一批桃子之后，树皮开始分泌晶莹剔透的桃胶，这种琥珀状的分泌物能够和血益气、清血降脂，与同根生的水蜜桃一起，点缀以朵朵樱花，一派仙姿绰约。

材料

水蜜桃 **1** 个（约 **200**g）/ 盐渍樱花 **6** 朵 / 桃胶 **5**g / 冰糖 **5**g / 饮用水 **600**ml

工具

热水壶 / 小奶锅 / 花茶壶

做法

1. 桃胶提前 12 小时用清水浸泡。

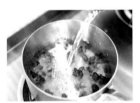

2. 桃胶放入小奶锅内，加入饮用水，大火烧开后转小火，加盖煮 20 分钟。

3. 盐渍樱花用清水浸泡 5 分钟，倒掉盐水，再冲洗两遍，动作要轻柔，尽量保持花朵的完整。

4. 水蜜桃洗净，拦腰横切一圈，要深至果核。两手反方向用力，即可轻易将桃子拧开。

5. 然后去除果核，将桃子切成半圆形的薄片。

6. 将水蜜桃片、盐渍樱花放入花茶壶中，加入冰糖，倒入煮好的桃胶水即可。

香桃樱花水

十 里 桃 林 似 神 仙

热量表

食材	水蜜桃 200g	桃胶 5g	冰糖 5g	合计热量
热量	86 千卡	5 千卡	20 千卡	111 千卡

Tips

如果桃胶有杂质，浸泡过程中需要换几次清水。

阿胶花生奶

简 简 单 单 吃 阿 胶

材料

阿胶粉 **3**g ／生花生仁（带红

衣 **30**g）／牛奶 **250**ml ／开水

50ml ／红糖 **10**g

工具

米糊机

做法

1. 生花生仁洗净，沥干水分。

2. 将阿胶粉放入小杯中，注入开水。

3. 搅拌至阿胶粉完全溶化。

4. 将花生仁、阿胶水、牛奶一起倒入米糊机中。

5. 选择五谷豆浆模式。

6. 制作好后倒入杯中，加入红糖调味即可饮用。

Tips

- 阿胶品质非常关键，好的阿胶一定是可以完全溶于清水、无杂质、溶液清澈的。
- 药店购买阿胶时都有代打粉服务，可以一次性打粉后放入密封袋内置于冰箱冷藏，慢慢使用。

热量表

食材	阿胶粉 3g	花生仁 30g	牛奶 250ml	红糖 10g	合计热量
热量	12 千卡	172 千卡	135 千卡	39 千卡	358 千卡

金橘桂花
普洱茶

金 秋 桂 花 香

美丽说

农历的八月，是属于桂花的月份。桂花有养颜美容、化痰止咳的作用。灿若金米的桂花，与枝头硕果累累的金橘一同酿于益气暖胃的普洱茶之中，大概是秋天里让人倍感幸福的一件乐事吧！

做法

1. 青金橘洗净，切成薄片。

2. 将饮用水烧开，普洱茶放入飘逸杯的内胆，注入200ml沸水，8秒后将水滤掉。

3. 将桂花放入飘逸杯的内胆，再次注入200ml沸水，8秒后再次滤掉。

4. 将滤下的水倒掉。

5. 取出飘逸杯的内胆，将青金橘片放入飘逸杯中。

6. 将内胆装回飘逸杯，分3次注入余下的沸水，过滤时间分别约为12秒、20秒、30秒。

材料

青金橘 **3** 颗（约 **50**g）/ 桂花 **3**g / 普洱茶 **5**g / 饮用水 **1**L

工具

热水壶 / 飘逸杯

热量表

食材	金橘 **50**g	桂花 **3**g	普洱茶	合计热量
热量	**29** 千卡	**0** 千卡	**0** 千卡	**29** 千卡

- 步骤 1~3 是为了将普洱茶和桂花中的浮尘清洗干净，使茶的口味更加纯净、清澈，此步骤一定不可省略。
- 上好的普洱茶非常耐冲泡，除去头两次的洗茶，还能冲泡 8~10 次（1.5~2L 水），原则上只要茶在 30 秒之内还能析出较浓的颜色、有茶香味，即可继续冲泡。

生姜黑糖枸杞水

驱寒邪，暖身心

美丽说

生姜辛辣而芳香，含有姜油酮等物质，能够发汗解表，驱除寒邪；黑糖能增加能量、活络气血，补血又活血。加上促免疫、抗衰老的枸杞子，满口甜辣，周身温暖，非常适合女性经期饮用。

材料

生姜 1 小块（约 **30**g）/ 枸杞子 **5**g / 黑糖 1 小块（约 **10**g）/ 饮用水 **400**ml

工具

小奶锅

Tips

最后焖 **10** 分钟的步骤非常重要，可以让姜片和枸杞子的味道和营养成分慢慢析出。

热量表

食材	枸杞子 5g	生姜 30g	黑糖 10g	合计热量
热量	13 千卡	0 千卡	37 千卡	50 千卡

做法

1. 生姜洗净，切成薄片。

2. 枸杞子淘洗干净，沥干水分。

3. 在小奶锅内加入饮用水。

4. 加入姜片，煮沸。

5. 加入枸杞子和黑糖，小火煮 3 分钟。

6. 盖上盖子，焖 10 分钟左右即可。

第四篇

提神抗衰

柠檬苹果
甜菜根

酸甜可口的"生命之根"

做法

1. 苹果洗净外皮，用切苹果器去核，切成小块

2. 柠檬洗净外皮，对切成两半。

3. 用手动柠檬榨汁器榨出柠檬汁。

4. 甜菜根洗净，对半切开。

5. 切掉颜色较深的根部，然后切成小块。

6. 将苹果块、甜菜根、柠檬汁一起放入果汁机，搅打均匀即可。

材料

柠檬 1 个（约 50g）／苹果 1 个（约 100g）／甜菜根 1 个（约 200g）

工具

手动柠檬榨汁器／迷你果汁机（搅拌机）

热量表

食材	柠檬 50g	苹果 100g	甜菜根 200g	合计热量
热量	18 千卡	54 千卡	174 千卡	246 千卡

Tips

可以切下一片柠檬，卡在杯口作为装饰。如果有柠檬皮刨，也可以在柠檬未切开之前刮下一些柠檬皮丝，加入饮品中味道会更好。

草莓香蕉坚果奶昔

迅速补充能量

美丽说

如何从人群中区分出健身人士？看他们是否每天携带香蕉和综合坚果包就知道了！香蕉富含果糖和钾，坚果富含不饱和脂肪酸。把它们打成一杯香浓的奶昔，运动后迅速为你补充能量吧！

材料

草莓 **100**g ／ 香蕉 **1** 根（约 **80**g）／ 养乐多 **1** 瓶 ／ 酸奶 **200**ml ／
核桃仁 **5**g ／ 腰果 **5**g ／
巴旦木 **5**g

工具

迷你果汁机（搅拌机）／ 擀面杖

除了文中提到的几种坚果，也可以用夏威夷果、花生等坚果来制作。

热量表

食材	草莓 100g	香蕉 80g	养乐多 1 瓶	酸奶 200ml	综合坚果 15g	合计热量
热量	32 千卡	74 千卡	54 千卡	144 千卡	96 千卡	400 千卡

做法

1. 草莓洗净，按照第 12 页的示范去心去蒂。

2. 将草莓切成四瓣。

3. 香蕉剥皮，切成小段，放入果汁机。

4. 加入养乐多和酸奶，搅打均匀，将搅拌好的香蕉奶昔倒入容器中。

5. 将坚果放入保鲜袋，用擀面杖擀碎。

6. 在香蕉奶昔上撒上草莓瓣和坚果碎即可。

百香芒果椰奶

舌尖带你去度假

美丽说

清新宜人的百香果,香味独特的芒果,清甜爽口的椰子,光是看到这个组合,是不是就有一种飞去热带小岛度假的欲望了呢?它的味道,不仅能让你仿若置身热带,还能一扫你身体的疲劳!

做法

1. 将滤网架在果汁机上。

2. 百香果对半切开,用勺子挖出果肉,倒在滤网上,仅使用果汁。

3. 芒果按照第12页的示范取出果肉,一半放入果汁机,一半切成小块。

4. 果汁机内加入椰汁和牛奶备用。

5. 搅打均匀,倒入杯中。

6. 将切好的芒果块撒入即可。

如果使用的是奶味比较浓重的椰奶,可以不添加牛奶,而直接使用300ml椰奶即可。

材料

百香果 1 颗 / 芒果 1 个(约 **200**g)/ 椰汁 **200**ml / 牛奶 **100**ml

工具

迷你果汁机(搅拌机)/滤网

热量表

食材	百香果 1 颗	芒果 200g	椰汁 200ml	合计热量
热量	28 千卡	70 千卡	100 千卡	199 千卡

香香提子

快乐其实很简单

材料

脐橙1个（约120g）／香瓜
1个（约200g）／美国红提
100g／饮用水100ml／面粉
少许

工具

迷你果汁机（搅拌机）

做法

1. 在红提上撒少许面粉，加水浸泡10分钟，轻轻淘洗后沥去水分，再冲洗两遍。

2. 将红提切成碎粒。

3. 香瓜洗净、削皮，对半切开，去除香瓜子后，切成小块。

4. 脐橙切成六瓣，剥去橙子皮。

5. 将香瓜块、脐橙肉一起放入果汁机，加入饮用水搅打均匀。

6. 撒入切好的红提粒即可。

热量表

食材	脐橙 120g	香瓜 200g	红提 100g	合计热量
热量	58 千卡	52 千卡	52 千卡	162 千卡

Tips

如果买不到正宗的美国红提（无子），也可以尝试用同样无子的葡萄品种来制作，例如新疆的马奶葡萄，味道也很棒。

莓果萃

浆果小精灵们的聚会

材料

草莓 **100g** ／ 覆盆子 **100g** ／ 桑葚 **100g** ／ 黑加仑 **100g**

工具

迷你果汁机

（搅拌机）

Tips

如果买不到新鲜的覆盆子和黑加仑，可以用冷冻的鲜果来代替。不建议使用调和果汁来代替，甜度过高，比较不健康。

热量表

食材	草莓 100g	覆盆子 100g	桑葚 100g	黑加仑 100g	合计热量
热量	32 千卡	52 千卡	57 千卡	46 千卡	187 千卡

做法

1.桑葚用清水浸泡10分钟后，冲洗干净，沥干水分。

2.草莓洗净，按照第12页的示范去心去蒂。

3.覆盆子洗净，沥干水分。

4.黑加仑洗净，沥干水分。

5.留出几个覆盆子作为点缀，其余的所有莓果一起放入果汁机。

6.搅打均匀后倒入杯中，点缀上步骤5预留的覆盆子即可。

玉米南瓜汁

甜蜜浓稠好味道

美丽说

玉米汁和南瓜汁，是近年来中高档餐厅点单率极高的饮品。玉米中的谷胱甘肽具有很好的抗癌功效；南瓜富含钴，能活跃人体的新陈代谢，促进造血功能。搭配牛奶打出的蔬果汁，甘甜绵密，让人忍不住一饮再饮。

做法

1. 鲜玉米剥去外皮，撕去玉米须，冲洗干净。

2. 先拦腰对半切开，再竖着将两端玉米切成两半。

3. 一排排剥下完整的玉米粒。

4. 南瓜洗净，去除南瓜子，切成小块。

5. 将南瓜块和玉米粒放入米糊机，加入饮用水和牛奶。

6. 选择五谷豆浆程序即可。

材料

鲜玉米 1 根（可食部分约 100g）／南瓜 200g／饮用水 100ml／牛奶 250ml

工具

米糊机（豆浆机）

没有新鲜玉米，也可以用冷冻的鲜玉米粒代替，用量大约 100g。需提前用清水冲洗解冻、沥干水分再使用。

热量表

食材	鲜玉米 100g	南瓜 200g	牛奶 250ml	合计热量
热量	112 千卡	46 千卡	135 千卡	293 千卡

麦冬石斛蜜

清 心 除 烦 抗 衰 老

材料

麦冬 **10**g ／ 干铁皮石斛 **5**g ／

蜂蜜 **20**g ／ 饮用水 **1**L

工具

陶瓷锅

美丽说

麦冬养阴润肺、清心除烦，可改善心烦失眠、内热消渴；而"中华九大仙草"之一的铁皮石斛，可补五脏虚劳、强阴益精、长肌肉、抗衰老。加以蜂蜜调味，滋味清甜、提振情绪。

做法

1. 将麦冬和铁皮石斛先用清水冲洗两遍，沥干水分。

2. 倒入陶瓷锅，加入 1L 饮用水。

3. 开火煮沸后转小火，煮3 分钟左右。

4. 倒入杯中。

5. 等待水温冷却到 60℃左右（热度为用手握住杯子不会过烫）。

6. 加入适量蜂蜜调匀（建议 250ml 的杯子加 5g 蜂蜜即可）。

热量表

食材	麦冬 10g	铁皮石斛 5g	蜂蜜 20g	合计热量
热量	0 千卡	0 千卡	32 千卡	32 千卡

Tips

麦冬与铁皮石斛均有药性，不能用铁器来煮煮，如果没有陶瓷锅，也可以用小砂锅、玻璃锅等来制作。

枸杞红枣
花旗参

~~~~~~
中西合璧的养生之道

美丽说

枸杞子与红枣，都是中国传统的养生食材，而来自美国的花旗参提神醒脑、消除疲劳的功效显著，且药性偏凉，滋补而不上火，最适宜体热的人服用。

材料

枸杞子 **5**g ／红枣 **3** 颗（约 **25**g）／花旗参片 **5**g ／冰糖 **10**g ／饮用水 **1**L

工具

玻璃锅

Tips

花旗参以美国产为最佳，性凉，温和不上火。自己饮用不需要购买价格昂贵的大截面参片，小截面的参片只要能确保产地，效果是一样的，性价比更高。

热量表

食材	枸杞子 5g	红枣 25g	冰糖 10g	合计热量
热量	**13** 千卡	**66** 千卡	**40** 千卡	**119** 千卡

做法

1. 将枸杞子、红枣和花旗参片先用清水冲洗两遍。

2. 沥干水分后，倒入玻璃锅。

3. 加入冰糖。

4. 注入 1L 饮用水。

5. 煮沸后转小火，煮 3 分钟左右。

6. 待关火后盖上盖子闷一小会儿，待参茶颜色变深，即可饮用。

材料

牛油果半个（约 **50**g）／牛奶 **250**ml ／抹茶粉 **10**g ／蜂蜜 **10**g

工具

迷你果汁机（搅拌机）／小奶锅

做法

1. 取 100ml 牛奶，放入小奶锅；将抹茶粉倒入杯中。

2. 加热至周围开始泛起细密的白色泡泡。

3. 将热牛奶倒入抹茶粉中。

4. 牛油果按照第 12 页的示范取一半切成小块。

5. 将牛油果和剩余的 150ml 牛奶放入果汁机，搅打均匀。

6. 将牛油果奶昔和抹茶牛奶混合，加入蜂蜜搅打均匀即可。

牛油果奶绿

华丽食材 清新口味

热量表

食材	牛油果 50g	牛奶 250ml	抹茶粉 10g	蜂蜜 10g	合计热量
热量	80 千卡	135 千卡	25 千卡	32 千卡	272 千卡

好的抹茶粉应该具有碧绿的色泽和天然的绿茶香气，遇热色泽不会黯淡，所以选购时一定要选择天然的制品，而不是人工合成的香型粉末。

山竹榴莲奶

挑 战 重 口 味

材料

山竹 **2** 个（可食部分约 **50**g）

／榴莲肉 **2** 块（约 **150**g）／

牛奶 **250**ml

工具

迷你果汁机（搅拌机）

美丽说

一颗榴莲，将地球上的人类分成了两个阵营。但你往往会发现，只有反榴莲阵营的人偷偷叛变，却从未有吃过榴莲的人再放弃它。这大概就是榴莲的魅力所在。在泰国，购买榴莲时，水果店老板一般会赠送几个山竹，以中和榴莲的热性，补充能量不上火。现在大胆地将它们打成一杯奶昔吧！一饮而尽，你敢尝试吗？

做法

1. 山竹剥去外皮，去除果核。

2. 榴莲肉剥去果核。

3. 放入小碗，用勺子捣成泥。

4. 将榴莲肉铺在杯底，用勺子稍微压实。

5. 将山竹和牛奶放入果汁机。

6. 搅打均匀，倒入杯中。

热量表

食材	山竹 50g	榴莲 150g	牛奶 250ml	合计热量
热量	34 千卡	220 千卡	135 千卡	389 千卡

挑选山竹的几点小经验：

1. 看果皮：有光泽、呈深紫色；

2. 看果蒂：绿色的果蒂更新鲜；

3. 捏硬度：捏下去略具柔软感，可以弹回的，成熟度正好；

4. 看萼片：山竹下面的萼片数量代表了内部果肉的瓣数。

山药枸杞奶

养生古法，全新演绎

材料

山药 **200**g ／ 枸杞子 **10**g ／ 牛奶 **250**ml ／ 白砂糖 **10**g

工具

蒸锅 ／ 小奶锅 ／ 迷你果汁机（搅拌机）／ 压泥器

Tips

山药中含有刺激人体的皂角素和植物碱，人体接触后会发痒，削皮时请一定戴上一次性手套来操作。

热量表

食材	山药 200g	枸杞子 10g	牛奶 250ml	白砂糖 10g	合计热量
热量	114 千卡	26 千卡	135 千卡	40 千卡	315 千卡

做法

1. 枸杞子洗净，沥干水分，放入奶锅中，加水小火煮 10 分钟左右。

2. 山药洗净、削皮、切成小段。

3. 蒸锅加水烧开，山药段摆放在盘内，置于蒸锅，中火蒸 15 分钟。

4. 取出山药段，用压泥器压成山药泥。

5. 放入果汁机，加入牛奶、白砂糖，搅打均匀。

6. 撒入煮好的枸杞子即可。

香橙甜菜胡萝卜

胡萝卜也可以很好吃

材料

脐橙 1 个（约 120g）／甜菜根 1 个（约 200g）／胡萝卜 1 根（约 100g）／饮用水 100ml

工具

迷你果汁机（搅拌机）

做法

1. 脐橙洗净，切成六瓣。

2. 剥去橙子皮，取出果肉，如果有子粒需要预先挑出。

3. 甜菜根洗净，对半切开。

4. 切掉甜菜根底部颜色较深的部位，然后将余下的甜菜根切成小块。

5. 胡萝卜洗净，切成薄片。

6. 将脐橙肉、甜菜根、胡萝卜和饮用水一并放入果汁机，搅打均匀即可。

热量表

食材	脐橙 120g	甜菜根 200g	胡萝卜 100g	合计热量
热量	58 千卡	174 千卡	32 千卡	264 千卡

Tips

如果家中有漂亮的蔬菜切模，可以切一片漂亮的胡萝卜花朵放于顶端作为装饰。

马奶葡萄
菠菜汁

果汁的口感，蔬菜的内涵

美丽说

菠菜中的植物化学物质能促进人体新陈代谢，抗衰老，增强青春活力。马奶葡萄富含果糖，能补充能量，并且清甜无子，口感清新，与菠菜碰撞出的果蔬汁和谐而美妙。

材料

马奶葡萄 **200**g ／ 菠菜 **200**g ／ 饮用水 **100**ml ／ 面粉 **1** 汤匙

工具

迷你果汁机（搅拌机）

做法

1. 马奶葡萄加 1 汤匙面粉，再加入清水。

2. 轻轻搅动葡萄，然后沥去水分。

3. 用清水将葡萄冲洗两遍，沥干水分，将葡萄切成碎粒，也可将葡萄直接搅打出汁。

4. 菠菜择去老叶，冲洗干净（尤其是根部），切成小段，放入果汁机。

5. 加入饮用水，搅打均匀。

6. 倒入容器中，撒入切好的葡萄粒即可。

热量表

食材	马奶葡萄 **200**g	菠菜 **200**g	合计热量
热量	**82** 千卡	**56** 千卡	**138** 千卡

葡萄外面会有一层白色雾状的覆盖物，加入面粉能有效去除葡萄的农药残留和脏物，如果葡萄比较脏，可以用面粉水浸泡 **5~10** 分钟再进行清洗。

荔枝樱桃
冰白茶

沁人心脾，果茶清凉

材料

荔枝 **50**g ／ 樱桃 **50**g ／ 散装

白茶 **5**g（推荐白毫银针）／

饮用水 **600**ml

工具

筷子 ／ 花茶壶（带内胆）

美丽说

白茶近年来愈发走俏，一年茶，三年药，七年宝。性凉但又温和的白茶，解毒败火、提神醒脑、口感清新，采用冷泡的手法低温萃取，更能保留茶叶中的营养部分，味道也更加甘甜。搭配柔软甜美的荔枝、晶莹娇艳的樱桃，夏日里喝起来特别振奋精神。

做法

1. 荔枝洗净、剥皮、去除果核。

2. 樱桃洗净，择去樱桃梗。

3. 用筷子顶出樱桃核。

4. 将樱桃和荔枝放入花茶壶外杯。

5. 将白茶放入花茶壶内胆，加入饮用水。

6. 静置 2 小时左右即可饮用。

热量表

食材	荔枝 **50**g	樱桃 **50**g	白茶 **5**g	合计热量
热量	**35** 千卡	**23** 千卡	**0** 千卡	**58** 千卡

Tips

- 如果嫌樱桃去核麻烦，也可以将樱桃放入保鲜袋内，扎紧袋口，用擀面杖轻轻将樱桃敲至轻微破碎，方便樱桃汁在浸泡过程中可以析出。

- 夏天可提前一晚将饮品制作好放入冰箱，第二天即可饮用。隔夜茶有毒仅限于半发酵的乌龙茶系，白茶可以放心饮用。

香桃杏李

桃李芬芳，红杏飘香

美丽说

桃子、杏子和李子，都属于蔷薇科，但果实的功效和味道却大不同。夏秋之季，硕果满枝，何不风雅一回，用果实泡一壶香茶？那清新的茶果香能令你立刻神清气爽，忘却许多烦恼！

材料

油桃 **1** 个（约 **80**g）/ 黄杏 **2** 个（约 **80**g）/ 李子 **3** 个（约 **100**g）/ 红茶茶包 **3** 个 / 蜂蜜 **15**g / 饮用水 **1**L

工具

热水壶 / 大凉杯

Tips

- 如果有时间，也可以不用热水制作这道饮品，而是使用茶叶冷泡法：用常温的饮用水直接冲泡茶包，加入蜂蜜搅打均匀，置于冰箱过夜，即可得到香桃杏李的冰茶版。
- 凉杯选购时要看清楚标识，有些凉杯是不能盛装 80℃ 以上热水的，请务必购买可以承受高温的凉水杯。

热量表

食材	油桃 **80**g	黄杏 **80**g	李子 **100**g	蜂蜜 **15**g	合计热量
热量	**35** 千卡	**30** 千卡	**38** 千卡	**48** 千卡	**151** 千卡

做法

1. 将油桃、黄杏和李子冲洗干净，沥干水分。

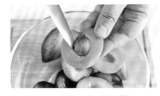

2. 对半切开后，去除果核。

3. 切成边长 1cm 左右的小块，放入大凉杯。

4. 将饮用水烧开，注入凉杯（约 1L）。

5. 2 分钟后，待水温稍为冷却，再加入红茶包。

6. 10 分钟后取出红茶包丢弃，手触凉水杯外围，不特别烫手后加入蜂蜜搅打均匀即可。

第五篇

养肾固发

山药红枣
栗子糊

浓稠绵滑好滋养

材料

山药 **200**g／干红枣 **6** 颗（**25**g）

／糖炒栗子 **6** 颗（可食部分约

30g）／饮用水 **500**ml

工具

米糊机（豆浆机）

热量表

食材	山药 **200**g	红枣 **25**g	栗子 **30**g	合计热量
热量	**114** 千卡	**66** 千卡	**52** 千卡	**232** 千卡

做法

1. 山药洗净、削皮、切成小段。

2. 红枣洗净，沥干水分。

3. 将红枣核剔除，然后切成小丁。

4. 糖炒栗子剥壳，取出栗仁。

5. 将山药段、红枣丁、栗子仁放入米糊机，加入饮用水。

6. 选择"五谷豆浆"程序即可。

Tips

- 如果没有糖炒栗子，可以选择市售真空包装的甘栗仁。
- 也可以将饮用水替换为牛奶，煮好后加一些白砂糖来调味。

山药核桃枸杞奶糊

香四溢乌须发

材料

山药 **200**g ／ 核桃仁 **6** 颗 ／

枸杞子 **10**g ／

牛奶 **500**ml

工具

米糊机 ／ 豆浆机

Tips

- 可以提前一晚将枸杞子用清水浸泡，放入冰箱，这样水分吸收得更饱满。

- 可以依据个人口味加入一些白砂糖或者蜂蜜来调味。

热量表

食材	山药 200g	核桃仁 30g	枸杞子 10g	牛奶 500ml	合计热量
热量	114 千卡	194 千卡	26 千卡	270 千卡	604 千卡

做法

1. 枸杞子洗净，用清水浸泡10分钟。

2. 山药洗净、削皮、切成小段。

3. 核桃仁掰开，去除中间的分心木。

4. 然后将核桃尽量掰碎。

5. 捞出枸杞子，沥干水分。

6. 与山药段、核桃碎一起放入米糊机，加入牛奶；选择"五谷豆浆"程序即可。

三黑糊

感受神奇的黑魔法

美丽说

中医养生理论中，根据五行学说，将自然界的食材分为五色，分别对应人体的五大脏器，其中黑色就对应肾脏。集三种黑色于一杯之中的三黑糊，不仅对养肾固发有奇效，味道也非常香浓。

材料

黑豆 **20**g ／ 黑米 **20**g ／ 黑芝麻 **20**g ／

饮用水 **500**ml

工具

炒锅 ／ 米糊机（豆浆机）

做法

1. 黑豆与黑米提前一晚用清水淘洗干净，加水浸泡。

2. 炒锅洗净，保持无水无油的状态，大火预热。

3. 加入黑芝麻后转小火，不停翻炒。

4. 当听到有密集的芝麻爆裂声、闻到芝麻香味的时候，关火。

5. 将浸泡好的黑豆和黑米沥去水分，与炒好的黑芝麻一起放入米糊机。

6. 加入饮用水，选择"五谷豆浆"模式即可。

热量表

食材	黑豆 20g	黑米 20g	黑芝麻 20g	合计热量
热量	80 千卡	68 千卡	112 千卡	260 千卡

Tips

- 只有炒熟的黑芝麻才能带出浓郁的芝麻香气，但是炒起来比较麻烦。可以一次性多炒一些，然后放入密封盒保存。也可以直接购买市售的熟黑芝麻来使用。

- 黑色入肾，所以一定要用黑芝麻来制作，不能以白芝麻代替。不仅香味不一样，效果也大打折扣。

桑葚葡萄
黑加仑

黑色浆果的丰富营养

材料

桑葚 **100**g / 葡萄 **100**g / 黑
加仑 **100**g / 饮用水 **200**ml
/ 面粉 **1** 汤匙

工具

迷你果汁机（搅拌机）

做法

1. 桑葚用清水浸泡 10 分钟
后，冲洗干净，沥干水分。

2. 葡萄加 1 汤匙面粉，再
加入清水，轻轻搅动葡萄，
然后沥去水分。

3. 用清水将葡萄冲洗两遍，
将葡萄一颗颗摘下来，对
半掰开，去除葡萄子。

4. 黑加仑洗净，沥干水分，
将果子摘下。

5. 将桑葚、葡萄、黑加仑
一起放入果汁机，加入饮
用水。

6. 搅打均匀即可。

热量表

食材	桑葚 100g	葡萄 100g	黑加仑 100g	合计热量
热量	57 千卡	52 千卡	46 千卡	155 千卡

Tips

· 由于需要给葡萄去子，所以在选购葡
萄时，尽量选择个头比较大，或者子
粒比较少的品种。

· 如果嫌去子麻烦，也可以一并将子打
碎，葡萄子可以吃掉，并具有良好的
抗氧化作用，只是口感比较不好而已。

黑枣核桃奶

滋补加倍，香中透甜

材料

干黑枣 10 颗（可食部分约 50g）／核桃仁 30g／牛奶 500ml

工具

米糊机（豆浆机）

热量表

食材	黑枣 50g	核桃仁 30g	牛奶 500ml	合计热量
热量	132 千卡	194 千卡	270 千卡	596 千卡

做法

1. 黑枣洗净，沥干水分。

2. 将黑枣对半剖开，去除枣核。

3. 核桃仁掰开，去除中间的分心木。

4. 将核桃仁掰碎。

5. 将去核黑枣、核桃仁和牛奶一起加入米糊机，倒入牛奶。

6. 选择"五谷豆浆"程序即可。

Tips

黑枣以陕西产的为最佳，个头大而饱满，素有"狗头枣"之称，甜度很高，营养丰富。

香芒木瓜狝猴桃

奇香异甜润秀发

材料

大芒果半个（约 **200**g）／木瓜半个（约 **300**g）／黄心狝猴桃 **1** 个（约 **60**g）／饮用水 **100**ml

工具

迷你果汁机（搅拌机）

Tips

制作果汁的木瓜一定要选择熟透、果肉颜色发红的，这样的木瓜甜度高、水分含量高，做出的果汁口感更好。青木瓜适合制作沙拉，而不适合榨汁。

热量表

食材	芒果 200g	木瓜 300g	狝猴桃 60g	合计热量
热量	35 千卡	87 千卡	37 千卡	150 千卡

做法

1. 大芒果按照第 12 页的示范，取半个果肉，切成小块。

2. 木瓜洗净，去皮去子。

3. 取一半木瓜切成小块。

4. 黄心狝猴桃按照第 12 页的示范将果肉取出。

5. 将木瓜块、狝猴桃和饮用水一起放入果汁机，加入 100ml 饮用水，搅打均匀。

6. 撒入切好的芒果块即可。

材料

熟白果仁 **50**g ／荔枝 **100**g ／木瓜半个（约 **300**g）／饮用水 **100**ml

工具

迷你果汁机（搅拌机）

白果荔枝木瓜汁

瓜果清甜，秀发飘扬

做法

1. 熟白果仁洗净，沥干水分，切成碎粒。

2. 荔枝洗净，剥壳、去核，切成碎粒。

3. 木瓜洗净，去皮去子。

4. 取一半木瓜，切成小块。

5. 将木瓜和饮用水放入果汁机，搅打均匀。

6. 加入切碎的荔枝粒，用搅拌棒搅打均匀，再于顶端撒上白果粒即可。

热量表

食材	熟白果仁 50g	荔枝 100g	木瓜 300g	合计热量
热量	91 千卡	71 千卡	87 千卡	249 千卡

如果购买的是新鲜生白果，需要先用水煮熟再使用。

145

奇异丑桃

把所有的清新都给你

美丽说

如果说猕猴桃、丑橘和杨桃有什么共同之处，大概就是——它们都具有辨识度极高的清新味道。同时，它们富含多种维生素和果酸，能够滋养头皮，让秀发更具弹性。

做法

1. 猕猴桃按照第 12 页的示范取出果肉。

2. 丑橘剥去果皮，仔细检查果肉中是否有子粒，如果有要剔除。

3. 杨桃洗净，擦干水分。

4. 将杨桃切成薄片。

5. 将猕猴桃、丑橘、杨桃放入果汁机，加入饮用水。

6. 搅打均匀即可。

材料

黄心猕猴桃 1 颗（约 60g）/ 丑橘 1 个（约 160g）/ 杨桃 1 个（约 100g）/ 饮用水 150ml

工具

迷你果汁机（搅拌机）

热量表

食材	猕猴桃 60g	丑橘 160g	杨桃 100g	合计热量
热量	37 千卡	59 千卡	31 千卡	127 千卡

好的杨桃应该符合以下几个条件：棱片肥厚而均匀；颜色绿中带黄；棱边呈青绿色；通体富光泽且有透明感。

芝麻核桃
枸杞豆浆

～～～～～

加料一点点，营养变多多

材料

黑芝麻 **10**g／核桃仁 **30**g／

黄豆 **20**g／枸杞子 **10**g／饮

用水 **600**ml

工具

炒锅／豆浆机（米糊机）

做法

1. 黄豆淘洗干净，提前一晚用清水浸泡。

2. 枸杞子洗净，用清水浸泡 10 分钟左右。

3. 黑芝麻按照第139页"三黑糊"的步骤 2~4 炒熟。

4. 核桃仁掰开，去除中间的分心木。

5. 将核桃仁尽量掰碎。

6. 将泡好的黄豆、枸杞子，以及黑芝麻和核桃仁一起放入豆浆机，加入饮用水，选择"五谷豆浆"程序即可。

Tips

如果使用的是可以打干豆的豆浆机或米糊机，则黄豆只需淘洗干净即可。

热量表

食材	黑芝麻 **10**g	核桃仁 **30**g	黄豆 **20**g	枸杞子 **10**g	合计热量
热量	**56** 千卡	**194** 千卡	**78** 千卡	**26** 千卡	**354** 千卡

蜂蜜杨桃仙人果汁

来自美洲大陆的神奇果实

材料

仙人掌果 **3** 个（可食部分约 **200**g）/ 杨桃 **1** 个（约 **100**g）/ 蜂蜜 **10**g / 饮用水 **200**ml

工具

迷你果汁机（搅拌机）

Tips

仙人掌果中的子粒可以食用。如不喜欢子粒的口感，可将果肉先挤到水中，再用滤网滤掉子粒，仅使用果汁溶液即可。

热量表

食材	仙人掌果 200g	杨桃 100g	蜂蜜 10g	合计热量
热量	50 千卡	31 千卡	32 千卡	113 千卡

做法

1. 仙人掌果洗净，擦干水分，将较平的一端切去 1cm 左右。

2. 找到八角刺，确保八角刺已经切除。

3. 在果皮上纵向轻轻割一刀，然后沿刀痕剥开果皮，即可取出果肉。

4. 杨桃洗净，擦干水分，切成薄片。

5. 将仙人果肉、杨桃片放入果汁机，淋上蜂蜜。

6. 加入饮用水，搅打均匀即可。

第六篇

养肝明目

番茄菠菜
胡萝卜

三 色 蔬 菜 的 健 康

做法

1. 番茄洗净，切成四瓣。

2. 切掉番茄蒂以及顶部的硬心。

3. 菠菜洗净，沥干水分，择去老叶。

4. 保留菠菜根，将菠菜切成小段。

5. 胡萝卜洗净，切去顶部，然后切成小块。

6. 将番茄、菠菜和胡萝卜一起放入果汁机，加入饮用水，搅打均匀即可。

材料

番茄 1 个（约 **200g**）／菠菜 **100g**／胡萝卜 1 根（约 **100g**）／饮用水 **150g**

工具

迷你果汁机（搅拌机）

热量表

食材	番茄 **200g**	菠菜 **100g**	胡萝卜 **100g**	合计热量
热量	40 千卡	28 千卡	32 千卡	100 千卡

也可以用圣女果来制作这道饮品，味道更加浓郁哦！

蓝莓枸杞菊花饮

明 目 三 宝

材料

蓝莓 **125**g ／ 枸杞子 **10**g ／ 胎菊 **6** 朵 ／ 冰糖 **10**g ／ 饮用水 **1**L

工具

热水壶／大凉杯

Tips

这款饮品冷饮热饮皆宜，想做冰饮，可以提前一晚做好，放至室温后入冰箱冷藏即可。

热量表

食材	蓝莓 125g	枸杞子 10g	冰糖 10g	合计热量
热量	**71** 千卡	**26** 千卡	**40** 千卡	**137** 千卡

做法

1. 枸杞子淘洗干净，用清水浸泡10分钟。

2. 蓝莓洗净，沥干水分。

3. 放入小碗，用勺子略微压裂。

4. 胎菊冲洗干净。

5. 在大凉杯中加入泡好的枸杞子、胎菊、蓝莓，加入冰糖。

6. 将饮用水烧开后注入即可。

美丽说

圣女果到底是属于蔬菜还是水果？这一直是个无法界定的概念。所以圣女果有了"蔬中之果"的称谓，它所含的维生素A、维生素C、番茄红素，可预防白内障，抑制视网膜黄斑变性，保护视力。

做法

1. 火龙果对半切开，用勺子挖出果肉。

2. 圣女果洗净，沥干水分，择去蒂。

3. 金橘洗净，对半切开。

4. 挤出青金橘的果汁。

5. 将火龙果和圣女果放入果汁机，加入过滤好的青金橘汁。

6. 加入饮用水，搅打均匀即可。

Tips

选购金橘时，最好挑选皮薄、汁多、无子、涩味少的品种，制作出的果汁口感更好。如果购买的金橘内有大颗的子，需要先对半切开后将子粒剔除。

材料

青金橘 **3** 颗（约 **50**g）／红心火龙果 **1** 个（约 **300**g）／圣女果 **6** 颗（约 **100**g）／饮用水 **200**ml

工具

迷你果汁机（搅拌机）

热量表

食材	青金橘 50g	火龙果 300g	圣女果 100g	合计热量
热量	**29** 千卡	**180** 千卡	**20** 千卡	**229** 千卡

金橘乌梅饮

酸甜解渴，明目生津

做法

1. 金橘洗净，擦干水分。

2. 对半切开后，再切成薄片。

3. 乌梅淘洗干净，沥去水分。

4. 将乌梅、金橘片放入花茶壶，加入冰糖。

5. 饮用水烧开，注入花茶壶内。

6. 将冰糖搅拌至溶化后，晾凉即可饮用。

材料

青金橘 **3** 颗（约 **50**g）/ 乌梅 **6** 颗（约 **50**g）/ 冰糖 **10**g / 饮用水 **600**ml

工具

热水壶 / 花茶壶

热量表

食材	青金橘 50g	乌梅 50g	冰糖 10g	合计热量
热量	**29** 千卡	**0** 千卡	**40** 千卡	**69** 千卡

- 新鲜的乌梅不宜直接泡水，请购买药店已经预处理过的乌梅干。
- 儿童及生理期、分娩期的女性应避免饮用乌梅饮品。

香蕉玉米
芒果汁

有玉米，多的不仅是香甜

做法

1. 玉米剥去外皮，清除玉米须，冲洗干净。

2. 放入小锅中，加浸没过玉米的清水，大火烧开后转小火，煮 10 分钟。

3. 晾凉后将玉米拦腰切开，再对半劈开，剥下玉米粒，放入果汁机。

4. 香蕉剥去外皮，切若干片，贴在杯壁上，其余切成小段，放入果汁机。

5. 大芒果按照第 12 页的示范，取一半果肉，放入果汁机，加入饮用水，搅打均匀。

6. 将搅拌好的香蕉玉米芒果汁倒入贴好香蕉片的杯子内即可。

材料

香蕉 1 根（约 **80**g）／鲜玉米 1 根（约 **100**g）／大芒果半个（约 **200**g）／饮用水 **200**ml

工具

小锅／迷你果汁机（搅拌机）

热量表

食材	香蕉 80g	鲜玉米 100g	芒果 200g	合计热量
热量	74 千卡	112 千卡	70 千卡	256 千卡

春夏新鲜玉米上市的季节，请尽量购买新鲜玉米来制作。如果购买不到，可用冷冻的玉米粒来制作，尽量不要选择罐头玉米粒。

香蕉火龙
蓝莓奶

让眼睛亮起来的香香奶

做法

1. 香蕉剥皮，切成小段。

2. 火龙果对半切开，用勺子挖出果肉。

3. 蓝莓淘洗干净，沥干水分。

4. 将香蕉、火龙果、养乐多和牛奶一起放入果汁机，搅打均匀。

5. 倒入杯中。

6. 撒上蓝莓点缀即可。

材料

香蕉 1 根（约 80g）／火龙果 1 个（约 300g）／蓝莓 125g ／养乐多 1 瓶／牛奶 100ml

工具

迷你果汁机（搅拌机）

Tips

这道饮品不管用白火龙果还是红火龙果来制作都可以，根据个人喜欢的颜色来选择吧！

热量表

食材	香蕉 80g	火龙果 300g	蓝莓 125g	养乐多 80g	牛奶 100ml	合计热量
热量	74 千卡	180 千卡	71 千卡	54 千卡	54 千卡	433 千卡

奇异桑葚
香橙汁

品尝维生素C的微酸

做法

1. 桑葚用清水浸泡10分钟。

2. 猕猴桃洗净，按照第12页的示范取出果肉。

3. 脐橙洗净，切成六瓣。

4. 剥去橙皮，取出橙子肉。

5. 将浸泡好的桑葚再冲洗两遍。

6. 将桑葚、猕猴桃、橙子肉和饮用水一起放入果汁机，搅打均匀即可。

材料

黄心猕猴桃 **1** 颗（约 **60**g）／桑葚 **100**g／脐橙 **1** 个（约 **120**g）／饮用水 **150**ml

工具

迷你果汁机（搅拌机）

热量表

食材	猕猴桃 60g	桑葚 100g	脐橙 120g	合计热量
热量	37 千卡	57 千卡	58 千卡	152 千卡

正常成熟的桑葚，颜色应该是深紫色，局部略有红色，梗部呈绿色。购买时请注意观察，尤其是梗部，如果梗部也是紫色，则为染色、催熟的桑葚。

菠菜西蓝
花生羹

蔬菜汁做出好味道

做法

1. 烤箱预热至180℃，将花生仁平铺在烤盘上，中层烤8分钟。

2. 西蓝花洗净，切成小朵，用淡盐水浸泡10分钟左右，然后再过两遍清水。

3. 菠菜洗净，沥干水分，择去老叶，切成小段。

4. 将西蓝花放入小奶锅，加入牛奶，大火煮沸后转小火，煮10分钟左右，加入菠菜叶。

5. 关火冷却至60℃左右，倒入果汁机，打成糊。

6. 磨取适量的喜马拉雅粉红盐调味，将炸好的花生仁用擀面杖擀碎，撒在菠菜西蓝花牛奶糊上即可。

美丽说

蔬菜一股脑地榨汁，听起来就像饮药一般。换种做法，就能把蔬菜汁做出星级西餐厅蔬菜浓汤的口感，不仅好喝，蕴含的各种营养成分还能缓解眼部干涩、增强眼部肌肉弹性。

材料

菠菜**100**g ／西蓝花 **1/4**棵（约**200**g）／牛奶**200**ml ／花生仁**15**g（带红衣）／花生油适量（实用**5**g左右）／喜马拉雅粉红盐适量

工具

烤箱／小锅／迷你果汁机（搅拌机）

- 花生仁可以一次多烤一些，冷却后放入密封盒，可以存放一周左右。
- 这道饮品完全可以当作代餐或者西餐配汤。

热量表

食材	菠菜 100g	西蓝花 200g	牛奶 200ml	花生仁 15g	花生油 5g	合计热量
热量	28 千卡	72 千卡	108 千卡	86 千卡	44 千卡	338 千卡

羽衣香芒
木瓜胡萝卜

护眼食材大荟萃

材料

羽衣甘蓝 **100**g ／ 大芒果半个（约 **200**g）／ 木瓜 **1** ／ **4** 个（约 **150**g）／ 胡萝卜 **1** 根（约 **100**g）／ 饮用水 **100**ml

工具

迷你果汁机（搅拌机）

做法

1. 羽衣甘蓝择去老叶，洗净，沥干水分，撕成小片。

2. 芒果按照第 12 页的示范，取一半果肉。

3. 木瓜洗净，去皮去子，取 1/4 切成小块。

4. 胡萝卜洗净，切去顶部，切成小块。

胡萝卜由于相对其他材料，质地较为坚硬，切块时请尽量切小一些，这样打出的果汁，质地才会均匀、细腻。

5. 将羽衣甘蓝、芒果、木瓜和胡萝卜一起放入果汁机，加入饮用水。

6. 搅打均匀即可。

热量表

食材	羽衣甘蓝 **100**g	芒果 **200**g	木瓜 **150**g	胡萝卜 **100**g	合计热量
热量	**32** 千卡	**70** 千卡	**44** 千卡	**32** 千卡	**178** 千卡

甜椒莓莓

甜 椒 真 的 变 甜 啦

材料

红甜椒 **1** 个（约 **50**g）/ 蓝莓 **125**g / 草莓 **125**g / 树莓 **125**g / 饮用水 **100**ml

工具

迷你果汁机（搅拌机）

热量表

食材	甜椒 50g	蓝莓 125g	草莓 125g	树莓 125g	合计热量
热量	14 千卡	71 千卡	40 千卡	68 千卡	193 千卡

做法

1. 甜椒洗净，去除甜椒把和内部的子、白瓤。

2. 将甜椒切成小块。

3. 蓝莓、草莓和树莓一起，淘洗干净。

4. 留两三颗树莓作为点缀。

5. 将所有莓果和甜椒块一起放入果汁机，加入饮用水。

6. 搅打均匀后倒入杯中，点缀上步骤 4 预留的树莓即可。

第七篇

润肺清咽

做法

1. 雪梨洗净，梨把朝上，切成 4 瓣，在果核处呈 V 字形划两刀，切掉梨核。

2. 将雪梨切成小块。

3. 枇杷洗净，沥干水分。

4. 剥去枇杷皮、去除果核。

5. 将枇杷肉和雪梨一并放入果汁机，加入蜂蜜。

6. 加入饮用水，搅打均匀即可。

材料

雪梨 **1** 个（约 **120**g）/ 枇杷 **100**g / 蜂蜜 **10**g / 饮用水 **200**ml

工具

迷你果汁机（搅拌机）

热量表

食材	雪梨 120g	枇杷 100g	蜂蜜 10g	合计热量
热量	95 千卡	41 千卡	32 千卡	168 千卡

Tips

枇杷剥皮小窍门：

1. 用指甲将枇杷的果皮从上到下刮一遍；

2. 再从下至上撕开果皮，即可轻松剥下。其实枇杷果皮对人体不但无害，还含有丰富的营养，但是有涩味，会影响口感，再加上人工种植的枇杷农药残留普遍严重，所以还是尽量去除。

甘蔗马蹄爽

养 肺 润 喉 好 清 爽

材料

去皮甘蔗半根（鲜汁约 **250**g）／ 新鲜马蹄 **100**g

工具

小奶锅／切碎机／原汁机

美丽说

奇妙的甘蔗，有着粗犷憨直的外形，汁液却甜美无比，不仅是制作糖类的重要原料，鲜汁还具有生津润燥的效果。马蹄则可以清肺热、润咽喉、消肿痛。在甜甜的甘蔗汁中，加入粒粒爽口的马蹄，养肺润喉又清爽。

做法

1. 新鲜马蹄洗净，沥干水分。

2. 削去外皮，挖出底部的黄色硬心。

3. 用小奶锅烧一锅开水，放入削好的马蹄，小火煮10分钟。

4. 将煮好的马蹄捞出，晾凉后放入切碎机切成小块。

5. 甘蔗剁成小块，放入原汁机，榨出甘蔗汁。

6. 将切碎的马蹄倒入甘蔗汁中即可饮用。

热量表

食材	甘蔗汁 **250**g	马蹄 **100**g	合计热量
热量	**162** 千卡	**61** 千卡	**223** 千卡

Tips

很多人喜欢生吃新鲜马蹄，觉得口感爽脆，但事实上马蹄、莲藕这类水生植物，极大可能附着虫的囊蚴，因此一定要仔细去皮并烹熟后再食用。

石榴西柚

营养好喝又好看

美丽说

石榴这种较难处理的水果之所以能广受欢迎，靠的不光是它晶莹剔透的颜值和多子多福的寓意，它生津止渴的能力也很强呢！将西柚打汁，石榴子完整地点缀其间，不但能清肺火、润咽喉，还兼具了好口感和美美的外观。

做法

1. 西柚洗净，对半切开，余下的一半用保鲜膜包好放入冰箱。

2. 将西柚去皮去子，尽量去除白色瓤膜，剥出蜜柚肉。

3. 将西柚肉放入果汁机，加入蜂蜜和饮用水，搅打均匀。

4. 石榴在距离开口处 2cm 左右的位置，用水果刀划开一个圆圈（划透果皮即可）。

5. 用手将划掉的石榴皮顶部拽下，然后沿着内部的隔膜将石榴皮的侧边划开。

6. 将石榴掰开，剥出石榴子，撒入西柚汁中稍微搅拌即可。

材料

石榴 1 个（约 100g）/ 西柚半个（约 100g）/ 饮用水 200ml / 蜂蜜 15g

工具

迷你果汁机（搅拌机）

热量表

食材	石榴 100g	西柚 100g	蜂蜜 10g	合计热量
热量	73 千卡	33 千卡	32 千卡	138 千卡

如果买不到西柚，也可以用普通的红心蜜柚来代替。

做法

1. 无花果洗净，沥干水分，对半切开。

2. 用一个干净的勺子，将果肉取出备用。

3. 柠檬洗净，对半切开，取一半用榨汁器榨出柠檬汁。

4. 脐橙洗净，将其切开，并取出果肉备用。

5. 将无花果、脐橙放入果汁机，将柠檬汁过滤后加入其中。

6. 再加入饮用水，搅打均匀即可。

材料

柠檬半个（约 **25**g ）／脐橙 **I** 个（约 **120**g ）／无花果 **50**g ／饮用水 **200**ml

工具

柠檬榨汁器／迷你果汁机（搅拌机）

热量表

食材	柠檬 **25**g	脐橙 **120**g	无花果 **50**g	合计热量
热量	**9** 千卡	**58** 千卡	**33** 千卡	**100** 千卡

Tips

当一颗无花果外表大部分呈现紫红色、捏起来非常柔软的时候，才是真正的成熟了，这时候的无花果果汁充沛，甜度极高，用来打汁才最合适。

胡萝卜雪梨
花椰汁

神奇菜花，不止于炒菜

美丽说

菜花又叫花椰菜，有润肺、止渴、爽喉的功效，因产量大、易种植，被誉为"天赐良药"和"穷人的医生"。在中国，这种菜一般用来炒菜。但其实它口味清淡，打成果蔬汁味道也丝毫不违和。胡萝卜的加入不仅能增添亮色，还有定喘祛痰的功效。用雪梨定味，润肺效果加倍，令果蔬汁变得更加好喝。

做法

1. 菜花掰成小块，用淡盐水浸泡半小时，然后冲洗两遍，沥干水分。

2. 小锅加水，烧开后放入菜花，至水再次沸腾，立刻将菜花捞出，沥干水分。

3. 雪梨洗净，梨把朝上，切成 4 瓣。

4. 在果核处呈 V 字形划两刀，切掉梨核，然后将雪梨切成小块。

5. 胡萝卜洗净，切成小块。

6. 将焯好的菜花、雪梨块和胡萝卜块放入果汁机，加入饮用水，搅打均匀即可。

材料

胡萝卜 1 根（约 100g）/ 雪梨 1 个（约 120g）/ 菜花 100g / 饮用水 100ml / 盐少许

工具

小锅 / 迷你果汁机（搅拌机）

热量表

食材	胡萝卜 100g	雪梨 120g	菜花 100g	合计热量
热量	32 千卡	95 千卡	26 千卡	153 千卡

购买菜花时，最好选用梗部较长的有机菜花，不但更加健康，菜花的梗部用来榨汁也更加合适。

莲藕西芹
薄荷汁

清清白白，通体舒畅

做法

1. 莲藕洗净，切掉根节部位，削皮后切成小块。

2. 用小锅烧一锅开水，将莲藕块放进去，煮至沸腾后转小火，煮 3 分钟。

3. 捞出沥干水分，晾凉备用。

4. 西芹洗净，择去叶子，切掉根部，然后切成小段。

5. 薄荷叶洗净，沥干水分，留出两片作为点缀。

6. 将莲藕块、西芹段和薄荷叶放入果汁机，加入饮用水，搅打均匀后倒入杯中，点缀上步骤 5 预留的薄荷叶即可。

材料

莲藕 **100**g／西芹 **100**g／新鲜薄荷叶 **1** 小把（约 **10**g）／饮用水 **300**ml

工具

小锅／迷你果汁机（搅拌机）

热量表

食材	莲藕 **100**g	西芹 **100**g	鲜薄荷 **10**g	合计 热量
热量	**73** 千卡	**16** 千卡	**4** 千卡	**93** 千卡

Tips

购买莲藕时，要选择外皮光嫩、洁白，藕节肥厚饱满的莲藕，如果莲藕有发黑的部分，一定要切除干净才能食用。

雪梨苹果
杨桃汁

水果鲜甜，清心润肺

美丽说

有着"生命活水"之称的苹果，营养成分的可溶性极高，特别容易被人体吸收；与有着极强润肺功效的雪梨和生津止渴、消热排毒的杨桃搭配做成果汁，鲜爽甜美，一口饮下清心润肺。

做法

1. 雪梨洗净，梨把朝上，切成 4 瓣。

2. 在果核处呈 V 字形划两刀，切掉梨核，然后将雪梨切成小块。

3. 苹果洗净外皮，用切苹果器切开，去除果核。

4. 杨桃洗净，切几片厚约2mm 的薄片贴在杯壁上，其余切小块。

5. 将雪梨、苹果和杨桃一并放入果汁机，加入饮用水，搅打均匀。

6. 倒入贴好了杨桃片的杯中即可。

材料

雪梨 1 个（约 **120**g）／苹果 1 个（约 **100**g）／杨桃 1 个（约 **100**g）／饮用水 **100**ml

工具

迷你果汁机（搅拌机）／切苹果器

热量表

食材	雪梨 120g	苹果 100g	杨桃 100g	合计热量
热量	95 千卡	54 千卡	31 千卡	180 千卡

Tips

尝试留下一小块雪梨、苹果或杨桃，切成碎粒，放入制作好的果汁中，口感会更加丰富。

快速
雪梨银耳羹

银耳润肺，何须麻烦？

做法

1.干银耳洗净，放入小奶锅，加入饮用水浸泡至银耳变软。

2.加入冰糖，大火烧开后转小火，煮至冰糖全部溶化，然后晾凉备用。

3.雪梨洗净，梨把朝上，切成4瓣。

4.在果核处呈V字形划两刀，切掉梨核，然后将雪梨切成小块。

5.将雪梨放入果汁机，加入冷却后的银耳冰糖水。

6.搅打均匀即可。

材料

干银耳 **5**g ／ 雪梨 **1** 个（约 **120**g）／ 冰糖 **5**g ／ 饮用水 **250**ml

工具

小奶锅 ／ 迷你果汁机（搅拌机）

 Tips

这道饮品中的银耳碎又非常爽脆的口感，如果喜欢糯糯的银耳，可以提前一晚将泡发的银耳加清水煮沸后，沥去水分，放入冰箱冷藏。再煮制的时候，只需很短的时间，银耳即可变得软烂，并析出浓稠的胶质。

热量表

食材	干银耳 **5**g	雪梨 **120**g	冰糖 **5**g	合计热量
热量	**13** 千卡	**95** 千卡	**20** 千卡	**128** 千卡

蜂蜜胡萝卜
山药糊

甘甜柔美，补肺护嗓

做法

1. 胡萝卜洗净，切去顶端。

2. 将胡萝卜切成薄片或尽量小的块。

3. 山药削皮，斜切成薄片。

4. 将胡萝卜和山药放入米糊机，加入饮用水。

5. 选择五谷豆浆程序。

6. 制作好以后倒入碗中，待温度降至可入口时，加入蜂蜜调味即可。

材料

胡萝卜 **1** 根（约 **100**g）/ 山药 **200**g / 蜂蜜 **20**g / 饮用水 **500**ml

工具

米糊机

热量表

食材	胡萝卜 100g	山药 200g	蜂蜜 20g	合计热量
热量	**32** 千卡	**114** 千卡	**64** 千卡	**210** 千卡

Tips

山药品种很多，最佳品种"铁棍山药"产自河南焦作，当地人称其为怀山药。用来制作山药糊的山药，不要选择外皮光滑的脆山药，而应选择凸点、根须较多的品种，这样制作出的山药糊口感才能绵密、顺滑。

教师清咽茶

灵魂工程师们的护嗓法宝

材料

罗汉果 **1** 颗／胖大海 **2** 颗／胎菊 **3** 朵／麦冬 **6** 粒／冰糖 **5**g／饮用水 **600**ml

工具

热水壶／花茶壶

做法

1. 罗汉果洗净，用厨房纸机擦干水分。

2. 将罗汉果敲碎，然后掰成小块。

3. 胖大海、胎菊和麦冬一起，冲洗干净。

4. 将掰碎的罗汉果和胖大海、胎菊、麦冬一起放入花茶壶，加入冰糖。

5. 饮用水烧开后注入花茶壶内。

6. 用搅拌棒轻轻搅拌至冰糖溶化即可。

热量表

食材	冰糖 **5**g	罗汉果等	合计热量
热量	**20** 千卡	**0** 千卡	**20** 千卡

Tips

这道饮品非常败火清咽，但是多为寒凉之物，女性生理期或者本身体寒的人群不可饮用过量。如果必要，可以将冰糖换为红糖，以中和药材的寒性。

美美·小·日子
口福不能少

美好的一顿晚餐，热量少、易消化、品类多，有菜有肉，有汤有鱼，有粗粮主食少许，能饱腹，同时精神也满足。

早餐是最重要的一餐，像女王一样吃一顿豪华美味的早餐，却不花自己太多时间，是对自己最大的犒劳。

烘焙是一件充满魔力又让人感觉很幸福的事情，满屋飘香，想想就美妙，快来一起探索烘焙的奥妙吧！

好吃的不一定难做，轻松烹饪，轻松犒劳自己和家人一顿丰盛美味。这本书会告诉你，一点也不难。

米饭最佳伴侣也是你的烹饪最佳伴侣，每道菜都有详细的图文分解，手把手教你学做菜。

《零失败家常菜》让你避开烹饪误区，每道菜都有详尽的步骤图和详细的烹饪贴士，想不成功都很难哦！

主食沙拉，一顿健康的简餐；
一盘清爽和营养美味的结合，
轻食新享受从这里开始。

一煲好汤，是对自己和家人最
好的犒劳，想让自己一年四季
都能轻松做出一煲美味靓汤，
就从本书开始。

沙拉可以当早餐、午餐、早午餐、
晚餐、零食、配餐、加餐、餐
前小点、餐后小馔，小朋友爱吃，
老人的肠胃也适合，而对于事
业繁忙的中青年来说，更是健
康饮食的第一选择。

一碗粥，让自己和家人被
这份香浓和细腻环绕，想
让舌尖和身体被温柔以待，
享受细致入微的滋润和健
康，就从这本书开始。

懒人也有懒人的智慧，学会本
书中的偷懒方法，烹饪美食也
不再需要挥汗如雨，不再费九
牛二虎之力。脑筋一转，美食
即成。

好吃到流泪的馋嘴肉食，
翻一翻都会流口水。赶紧
打开这本书，准备开始大
饱口福吧！

丰盛的餐桌有好菜也有好汤，
让你吃好也喝好。《好汤好菜》，
用最普通的食材，最家常的做
法，做出最动人的味道。

最喜欢小炒，因为小炒简单、
快捷、有镬气，瞬间炒出色香
味，搭配米饭，简直无敌！所
以没有人不爱小炒！

图书在版编目（CIP）数据

萨巴厨房. 能量果蔬汁 / 萨巴蒂娜主编 . — 北京：中国
中国轻工业出版社，2017.9

ISBN 978-7-5184-1528-1

Ⅰ . ①萨… Ⅱ . ①萨… Ⅲ . ①果汁饮料－制作②蔬菜－饮料－制作
Ⅳ . ① TS972.12 ② TS275.5

中国版本图书馆 CIP 数据核字 (2017) 第 185112 号

责任编辑：高惠京   责任终审：劳国强   整体设计：**奇文雲海 Chival IDEA**
策划编辑：龙志丹   责任校对：李　靖   责任监印：张京华

出版发行：中国轻工业出版社（北京东长安街 6 号，邮编：100740）
印　　刷：北京博海升彩色印刷有限公司
经　　销：各地新华书店
版　　次：2017 年 9 月第 1 版第 1 次印刷
开　　本：720×1000　1/16   印张：12
字　　数：200 千字
书　　号：ISBN 978-7-5184-1528-1   定价：39.80 元
邮购电话：010-65241695   传真：65128352
发行电话：010-85119835　85119793   传真：85113293
网　　址：http://www.chlip.com.cn
Email: club@chlip.com.cn
如发现图书残缺请直接与我社邮购联系调换
170564S1X101ZBW